为一件大事疯狂

ONE B1G THING

好莱坞知名制片人

[美] 菲尔·库克_著

Phil Cooke

黄书英_译

上海交通大学出版社

SHANGHAI JIAO TONG UNIVERSITY PRESS

内容提要：

你将从好莱坞知名制片人库克的书中发掘你的一件大事，库克身处竞争激烈的好莱坞，认识许多人生赢家，也见过很多郁郁不得志的例子，“已经成功被看见”的他，将教你如何发掘只属于你的一件大事并做到极致，用它打破人生瓶颈期，在互联网时代获得世人瞩目。

图书在版编目（CIP）数据

为一件大事疯狂 /（美）库克（Cooke.P.）著；黄书英译. —上海：上海交通大学出版社，2014
ISBN 978-7-313-11889-9

Ⅰ.①为… Ⅱ.①库… ②黄… Ⅲ.①成功心理—通俗读物 Ⅳ.①B848.4-49

中国版本图书馆CIP数据核字（2014）第182934号

上海市版权局著作权合同登记号：图字 09-2014-738

为一件大事疯狂

著　　者：	［美］菲尔·库克	译　　者：	黄书英
出版发行：	上海交通大学出版社	地　　址：	上海市番禺路951号
邮政编码：	200030	电　　话：	021-64071208
出 版 人：	韩建民		
印　　制：	北京玥实印刷有限公司	经　　销：	全国新华书店
开　　本：	880mm×1230mm　1/32	印　　张：	7
字　　数：	114千字		
版　　次：	2014年9月第1版	印　　次：	2014年9月第1次印刷
书　　号：	ISBN 978-7-313-11889-9/B		
定　　价：	32.00元		

克理：你知道人生的秘诀是什么吗？

（伸出一根食指）

这个。

米契：你的手指？

克理：是一件事，只有一件事。只要守住这一件事，其他的都可以不用鸟了。

米契：这“一件事”是什么？

克理：那你得自己去找。

——取自电影《城市乡巴佬》

编者序

所谓幸运，只是不疯魔不成活

幸运这回事儿，是真实存在的，有人天生丽质，有人出身显贵，有人从出生就凭着天赐的非凡基因直奔爱因斯坦的智慧之路而去……所以幸运，大多是和先天有关。

惟有一件事，我们是可以隐约去修炼的，那就是当大多数人羡慕别人早早就找到了自己喜欢做的事情，甚至可以为之疯狂一生取得成就时，这种幸运，在艳羡的同时，我们可以花点心思，试着去找到个中方法。

尽早找到自己喜欢做的一件大事，在今天这个信息芜杂、人们注意力每天转换的互联网时代显得尤为重要。越早确定自己要做的事情，越可以过滤一切浮躁的无用信息，专心致志在自己的领域里拓步前行。

更紧要的是，做自己喜欢的事，面对生活低谷期会有比别人更强大的免疫力。有一个朋友，常年做着普通人难以理解的工作——贵金属提纯，在相当长一段时间里，这份工作因为收入高而让他过着衣食无忧的生活，然而忽然有一天行业不景气了，面临低谷的他一蹶不振几近崩溃，因为这项工作对他来讲，只是个获取收入的手段。他没有心思再坚持，去深入地寻找自己在该领域内的机会，而是不断翻看各种热门行业的工作信息，尴尬的是，近40的年龄，无论进入哪个领域，都面临重新开始的巨大压力。最终在长期徘徊之后，他选择了自己一直很喜欢但没勇气去做的品酒师职业，虽然收入不如从前，也要重新学习一些知识，但是因为对这项工作的喜欢，现在每天沉浸在大量资料与酒香中，陶醉不已。

感谢作者库克在这个浮躁的时代，及时带给我们这样一本寻找定力并能为之疯狂的书，书中的方法结合了体验主义和实用主义的精髓，为提高你人生的性价比做出相当大的贡献。无论你处于人生迷茫期、职场瓶颈期还是生活无感期，都可以翻来看看，对寻找新的路径有很大指导和帮助。

最后，套用京剧行业的一句常用语来表达我的观点，所谓幸运，只是不疯魔不成活！

目录

上篇
不要样样平凡，
只要一样非凡

第1章　认清你自己出现在这世上独一无二的理由

第2章 你并不知道“一件大事”是你的人生拐点

第5章 你的“一件大事”是什么？

下篇
激活“一件大事”的能量，让天赋被看见

第6章 天赋如何被看见

序曲
人生的大问题

问题一：
我的人生该怎么过？

我相信每天都有无数人提出这个发自内心的问题。为什么我会在这里？我该有什么成就？我天生的使命是什么？

某种形式上，像这样的“大问题”会瘫痪我们的未来，冻结我们的动力，阻碍我们的前途，甚至会妨碍无数人发挥潜能，无法在自己的人生中闯出一番作为。我在世界各地的研讨会演讲时，几乎每一次都会有人在演讲结束后，排队问我这种“大问题”。在其他场合，也会有人在业务会议结束后把我拉到一旁，提出相同的问题，或是通过社交媒体中共同的朋友来询问我。

这种“大问题”的问法有许多种，通常我会听到类似这种问法：“菲尔，我在工作上真的很不开心。但坦白说，我不知道自己的人生该怎么过。我甚至不知道自己有什么专长，所以也不知道该从何找起或是从哪里开始。”

这些人甚至觉得有罪恶感，因为他们是大家钦慕的对象，被认为已经有所成就或有所作为。但事实上，他们的人生却是一团糟。

这样的情况听起来可能就跟你一样。

你可能是大学生、刚毕业踏入社会的新人、老辣的生意人、上班族、家庭主妇，或者你可能待业中，内心正感到迷茫。奇怪的是，不论是身为总裁、商业领袖或是基层员工，同样都会提出这种“大问题”。

这并不令人惊讶，因为就如你所发现，有些人工作了一辈子却仍不知道自己的人生目标为何物；或者说，生来该有什么样的成就。

“可以请你告诉我，我该往哪个方向去吗？”

“那要看你想到哪儿去。”猫说。

“我不怎么在乎去哪儿……”爱丽丝说。

“那么，你要往哪儿去都无所谓了。”猫说。

——《爱丽丝梦游仙境》

>> 这世上有什么事最适合你做?

我很喜欢提出这个问题：这世上有什么事最适合你做？如果你在过去十年间遇到我，可能会听到我问你这个问题，而且还会催促你给我答案。我不是在寻找世上最棒的电脑工程师、运动教练、销售员或平面设计师，事实上我想知道的是，你觉得自己最大的优势是什么？你的竞争力在哪里？你在哪方面出类拔萃？什么位置才适合你？在你的人生当中，哪方面最让你引以为傲？

几年前，我和一位总裁一起搭出租车。当时他五十多岁，收入颇丰，带领一家规模非常庞大的医疗用品公司。但是，当我问他这个问题时，他被难倒了，气氛顿时尴尬起来。经过几分钟的思考，他终于回答："老实说，我不知道。我是在一位朋友的引荐下进入这一行的。团队当中有人投资了一项畅销医疗器材，我们因此功成名就。但为什么我会在这个位置？我真的不知道。我在这里找到成就感了吗？也不尽然。这份工作的薪水不错，但一整天下来，我必须承认，我不知道自己在做的事，是不是就是我来到这个世上该做的事。"

我的问题想必触动了他，以至于接下来在出租车开往机场的路上，他一直静静地凝视着窗外，除了简短的道别之外，他就这样一副若有所思的样子，没再和我说话。

>> 不要随波逐流，这是你自己的人生。

这不但是个大问题，而且是个重要问题。只要能找出答案，就能重新定义你的生活方式，以及人生中应该实现的成就。

许多人苦恼自己似乎找不到所处的位置，找不到那股可以让我们每天一大早跳下床的热情，找不到让我们感觉自己很重要的事情——那件可以让我们在一天工作结束时、心满意足地倒头大睡的“一件大事”，知道自己已尽最大能力去完成我们来到这世上该完成的事。

布洛克（Peter Block）在他的精彩著作《去做就是了》（*The Answer to How Is Yes*）写道：“尽管工作表现没问题，也达到自己立定的目标，我们还是有可能在工作了一整天之后，仍然不知道自己在这世上是否真的有所作为。我的意思是说，这样的文化以及身在其中的我们，都太容易屈服于那些实际可行又普遍通俗的事。如此一来，我们便牺牲了自己内心想追求的事情。”

这就是你的人生，而且正一分一秒地流逝。

——电影《搏击俱乐部》旁白

问题二：
在竞争激烈的世界里，我要如何成就非凡？

第二个“大问题”是：我要如何成就非凡？或者，我要怎么让别人听到我的声音？甚至说，我要怎么启动我的梦想计划？

即便你已经想好你的人生目标——也就是你的“一件大事”——但是，那又怎样？或许你正充满干劲，想把故事说出来，把信息分享给大家。然而，大家都有梦想，但是在实现梦想的过程中，我们常苦于遇不到对的人、环境或机遇。毕竟，我们是身在时时刻刻都有新发明出现的文化中。例如，每天都有新的手机应用软件冒出来，跑到好莱坞拍电影的竞争对手每年都在增加，自助出版的兴起使得书籍销售的竞争呈倍数增长。甚至在你自己的办公室里，也会有人来抢你的饭碗。

在你的人生中，不论做什么，前方一定会有个大标靶，而且有成千上万的人正在瞄准它。

当你不练习的时候，记住，有人正在别处练习。而且，当你与他对上时，他会赢过你。

——麦考利（Ed Macauley）

你可能是个员工或领导人，对组织有绝佳的想法；或者，你也可能是导演或制作人，拥有拍一部大片的构想；不论是什么身份，总之就是有一股获取成功的热情正在心中燃烧。就像一个宝宝已在你体内孕育成形，准备要呱呱坠地。

但问题是，如何实现，谁会相信你并帮助你？

你知道自己的想法可行，打从心里就感觉得到。但问题是如果没有人可以帮你实现，那又有何意义？我经常在好莱坞遇到所谓的“点子王”，他们的脑袋里有一大堆想法，但就是没办法实现。于是，他们游走于一场又一场的派对，出席了一场又一场的活动或研讨会，就是希望找到“对的人”告诉他们：“行！”就是那种了解他们的想法、而且愿意帮忙的贵人（希望在游说的过程中，他们不会被坑了）。

问题三：
你的第一步，准备好了吗？

>> 前面两个“大问题”的交汇点，就是本书的主旨。

我不能替你的人生目标做决定，那是你自己、你的良知和老天爷之间的事。但我确实可以指引你一个正确的方向，告诉你在这趟旅程中该扪心自问的问题。

我想，这些都是你可能会提出的也是最重要的问题：我为什么会在这里？我生来该有什么成就？我要如何让其他人知道我的人生目标？我要怎么让我的信息、想法或故事受到瞩目？

探索独一无二的人生目标固然很重要，但是在21世纪，不能只是找出"一件大事"。尤其在现代，若是想影响你的家人、公司、社区或全世界，你必须要吸引目光。也许你在激励他人方面有了不起的天分，但除非你学会将信息传达出去，否则不会有什么影响力。

> 世上绝大部分的人都默默地活在绝望中。所谓听天由命，就是这种绝望。
>
> ——梭罗（Henry David Thoreau）

切尔诺（Ron Chernow）所著的《华盛顿传记》叙述了这位领导人的非凡故事。华盛顿不一定是最高明的军事策略家，但他确实获得了成功。而他成功的根源在于，他把自己的天分转化成为他的资本，并赢得了无数人的认同。如果他点点头，他就可能成为美利坚合众国的国王，而不是总统——他的下属曾经希望拥戴他登上王位，但被他拒绝。华盛顿无疑找到了自己的人生目标。因此，他可以带领和激励下属陪他完成看上去不可能完成的大事。

华盛顿是一位伟大的领导人，因为他了解自己，也了解自己的人生目标。

那你呢？你对自己和人生目标有足够的了解吗？准备好迎接命运之神降临了吗？

在二次大战回忆录第一卷《风云紧急》中，丘吉尔写下：“我觉得自己仿佛正与命运之神并肩同行，我的前半生就是为了此刻以及这次的考验做准备。”

当一场重大挑战来临时，你已经没有时间去想你的优势、弱点和目标了。到那时候才去想你是为何而生，为时已晚。所以，现在立刻开始探索人生中的“一件大事”，是帮助你为未来即将发生之事做好准备的关键。

>> 学校不会教我们探索人生目标。

如今，成千上万院校的学生，绝大部分都还在拼命寻找他们的“一件大事”。大学原本该协助他们发掘展开成功且圆满人生的秘诀，但许多大学却利用学生这方面的需求，维持学费收入并填满入学名额。多年前，大专院校的确是为了帮助学生做好创造未来的准备，他们不但教导学生真正的职场技能，而且毫无顾忌地辅以伦理道德和价值观的教育，帮助他们在人生战场上做出实用的决定。

但是在今天，经过几世纪建立起强大基础的西学，已被更新潮的科目所取代而崩塌。全美各地的大学课程普遍提供多元文化、性别研究、哲学解析、经典文学，甚至18世纪室内设计之类的科目。他们提供的课程“显然”是为了帮学生达到人生更深一层的目标，但实际上却没有达到这样的目的。

有些人不上大学也能获得教育，而其他人则是在离开大学之后才获得教育。

——马克·吐温（Mark Twain）

这也是电影学校招生大爆满的原因之一。在最难以想象的地方，就算是规模最小的大学也会设电影学系，而且在许多情况下并没有合格的教职员、教学设备，或是与相关产业有实质的连结。然而，这门科系的确有需求，所以他们才设立——虽然有时看起来似乎是硬着头皮非要设立不可，但是他们真的帮到这些学生了吗?

未必!

结果是，每年有成千上万的年轻学子从电影学校毕业后涌入好莱坞，却只能从真正对电影制作有才干和天赋的人手中，争取到剩下的零星机会。其余毕业生不是一面卖房地产、一面自称“点子王”游走于派对之间，就是回到学校继续精修电影硕士课程，如此循环（或继续幻想）下去。

不论是哪一种情形，都不是在寻找自己真正要找的答案。

我支持高等教育，也在世界各地的大专院校授课。但是，在绝大部分大学生努力应付困难的教育挑战时，另有一群年轻人选择另一种简单的出路。以探索自己的人生目标来说，恐怕绝大多数大专院校会采取更简单的一条路——政治正确之路。这些学校原本该协助我们发掘天命，结果换来的却是一连串没完没了的课程，内容往往是说教一些琐碎浅薄之事。

>> 你要往哪里去?

现在，你要展开的旅程无比重要。在前方的道路上，你会遇到挫折、障碍，甚至失败，这本书不会解答你所有的疑问，但可以帮助你开始提出正确的问题。

在我们一同踏上这趟旅行前，有几个重要准则要注意：

第一，探索你的“一件大事”，跟人生中的地位、存款多少或目前的工作无关。

这个问题远比工作重要，而且是每一个人随时随地都会问的问题。你可能正处于失业，而且内心有未了的遗憾；或者你可能是亿万富翁，但内心同样有遗憾。不论是哪一种，你都会感到苦恼，除非你知道自己的“一件大事”。地位、银行存款或以往的成就，在这趟人生目标的探索之旅中都不是重点。

第二，这趟旅程未必是简单的。

在讲求自立自助的世界，有些人会以为自己需要的是一本最新出版的书，内容是关于如何克服所有面临的障碍。所以，书店中的励志或自我成长书区总是挤满了读者。这本书并不是在进行深入探究，而是一趟需要你下定决心，找出自己“一件大事”的旅程。几乎不用说也知道，答案不一定显而易见。咨询可以由我来提供，但你必须带着自己的人生经验、才能、天赋和志向。关键在于一起合作，而且这项任务可不适合胆小鬼。

最后，开始以崭新、真诚且明确的态度来检视自己的人生。

大家都知道，世上有无数人宁可活在逃避中，也不愿多花点工夫坦承面对自己的人生。面对自己的缺点以及改变自己的人生，是吃力的工作；相较之下，为自己的失败辩护或找借口比较容易。

每年我都会到好莱坞参加电影放映会，这些电影当中，有些耗资数百万美元的制作，有些则是预算微薄，只花了几百美元。最近，我和妻子刚看了一部长片，只花了一千五百美元制作，却令人印象非常深刻。只有充满创意、干劲十足且下定决心付出心力和时间的团队，才能造就这部片子——整个团队都坦然接受了预算有限的事实，并认清现实，向前迈进。

心存逃避或拒绝面对事实的人，无法成就大事。你目前所处的环境形势，并不如你想的那么重要。重点不在于你现在身在何处，而是你要往哪里去。只要你有热情、有动力、下定决心——而且能真心诚意地检视自己的人生——几乎任何事都能实现。跟我一起合作过的全球组织中，大部分都怀有许多愿景，但其中仍有多数组织尚未打造出足以实现愿景的原创文化。

运用你拥有的，这才是真正重要的。

——威尔斯（H.G.Wells）

这不是一本指南，也不是一份简易步骤的核对清单，因为说到人生中最重要的问题需要伤点脑筋。在《圣经》的《腓立比书（2:12）》中，信徒保罗提醒我们，要“戒慎恐惧地完成自我救赎”。寻找你自己人生中的“一件大事”，同样是件困难的工作。别想在这本书中看到“五个简单步骤”或“十个神奇的关键”这种东西，而是做好思考的心理准备吧！

我不是研究员，只是个观察者。在这本书里，你会看到“我”这个字用得很频繁。这并非因为我是自大狂，而是我也经历过同样的心路历程，所以只是在做心得报告。从我在四十多个国家制作媒体节目，到执导黄金时段的电视节目；以企业合伙人身份加入制作公司制作超级杯广告，到为世界非营利机构和慈善组织制作公益广告，再到成为好莱坞少数拥有博士学位的前线制作人之一——我只是以站在第一线的角度做报告。我不会像旅行社代理人，只给你一份简章，而是像个真正经历过那些历程的导游。我也经历过同样的挫折、阻碍与成功，而且我只想分享我这一路上所学到的一切。

>> **有许多人想改变这个世界，却没有多少人愿意改变自己。**

最近在排队等候一场放映会时，有人递给我一张宣传卡，正面引述一段霍华德·瑟曼的名言："别问自己在这个世界需要什么，而是要问你自己，有什么事情能让你感觉像是活了过来，就去做那件事吧！因为这个世界需要的是充满活力的人。"

领导者都有宏伟的愿景，但仍会感到烦闷；上班族则是背负着工作压力，直到濒临崩溃为止；而组织里弥漫的是畏惧和恐吓的气氛。他们可能都有宏伟的愿景，但他们可有一番不同的作为？

并没有。

什么事能让你充满活力？什么事能激起你的动力？

你天生的使命是什么？又要如何从这世上得到这样的信息？

让我们一起找出一些答案吧！

上篇

不要样样平凡，只要一样非凡

第1章

认清你自己出现在这世上独一无二的理由

> 如果你不知道要往何处去，最后你就会出现在别的地方。
>
> ——贝拉（Yogi Berra）

1.人有天命吗？

天命不是机遇，而是选择。天命不靠等待，而是凭借努力去完成。

——布赖恩（William Jennings Bryan）

每个人都会试着相信天命这个观念。无神论者或许会认为，世上没有上帝、没有目标，也没有所谓的人生意义。然而，在每天犹如上战场的人生中，带着这种人生观过活非常辛苦。天命的观念可以给我们继续下去的理由。

你的天命是一个会移动的标靶

传统上，基督教会如此教育信徒："上帝对我们的人生是有目标和规划的。由于耶稣基督牺牲自己，被钉上十字架，所以我们才能拥有更崇高的使命召唤和向导，帮助我们在这世上指引方向和目标。”而且，一直以来，基督徒确实是以天命为主题在传道。牧师在布道并为自己所写的书命名时，都会用到这个词。例如“天命布道大会”、“活出你的天命布道大会”、“天命周末布道大会”、“女性天命布道大会”、“影响天命布道大会”、“天命萌芽布道大会”。［不相信吗？那就上网搜寻“天命布道大会”（destiny conference）看看吧！］

就算不是基督徒，从传统角度来看也没什么差别。最近，我到印度授课时，遇到一群印度学者正在讨论自己对天命的看法。而我在写这本书时，电视新闻也正在报道一则消息，成千上万名唯心论者和新时代信徒在英国的史前巨石阵聚会，一起迎接夏至。他们讨论的主题是：史前巨石阵跟我们的天命有何关系？

不论是否有宗教信仰，大部分的人都想要相信自己的人生冥冥中是有注定的目的地的，并且觉得如果没有这样的认知，人生的道路很难走下去。

所以问题依然存在：我们真的有天命吗？有没有可能找到？

仔细想想，我们是否生来就有必须完成的使命，而且是一个固定、具体、不变的使命？我的结论是，天命不是一件按部就班完成的苦差事，不是一个终点，也不是一张勾完待办事项清单就算完成的事。事实上，大部分人就是在这里搞错了重点，把天命当成了一个固定的标靶，只需要射中红心就能得到满分。这也就是为什么会有这么多人出席天命布道大会，购买有关天命的书籍，听知名牧师讲解如何寻找天命。因为他们只想着怎样射中红心，而没有在意天命的标靶到底在哪里。

其实，突如其来的离婚并不会搞砸你的天命；士兵在战争中失去双腿也不会失去天命；就算破产，也不会破坏你的天命。

因为，你的天命是一个会移动的标靶，这也就是为什么我宁可用“目标”这个词，或者如你所见，用“一件大事”这个词来定义“天命”。相较于生理限制、财务状况、失去工作之类的挫败所产生的障碍，人生的目标其实更重要。你有独一无二的理由出现在这世上，没有什么能改变这个事实，现在把它发掘出来还不算太晚。

天命是你自己的追寻

世上有没有天命这种东西？

我想是有的，但我们已经花太多时间把天命这种想法当成一种速成法、致富的策略或停靠站。我们以为只要参加一场研讨会，天命就会在这场研讨会中出现。我们希望天命就此从天而降，或者能由某个人来为我们开示——而且只要花四十九美元的入场费。

然而，天命是需要经过追寻与探索的。为什么？因为在这趟追寻探索的旅程中，我们会学习去了解并重视其中的意义。

当然，有时我会遇到那种一直明白自己的“一件大事”的人，他们从一开始就知道，自己正在做的确实是该做的事——而且完全心满意足——但是，他们并不是从神谕或启示中得知天命的，而完全是从内心发掘出来的。

而你我，比之这些天之骄子，则可能要尝试许多弯路；曾经走投无路，曾经撞得满头肿包，经历过种种困境。因此，当我们找到自己的“一件大事”时，更需“专心一致”——不被一切可能的事物干扰——因为我们知道“这就是了”。

> 你的热忱在哪里？不要再妄自菲薄了，就告诉全世界你热爱烹饪、冰上曲棍球或纳斯卡赛车——不管是什么——因为追求你热爱的事物会让你变得更有趣，而有趣的人会让人着迷。
>
> ——盖伊·川崎（Guy Kawasaki）

我们都有天命，我们都有人生目标，我们都有一件重要的事，但这件事只能耐心地、慢慢地从工作和进行某些事情的过程中发现。你会在这里，是因为你还没放弃，你要下定决心才能找到答案。

只要有决心，就能有最不一样的作为。

你是发现天命的第三种人吗?

在我的人生经验中，对发现天命而言，世人分为三种。

第一，只有少数人一直都知道自己的天命。

这些人似乎从小就已知道自己生来要完成的使命，而且一直怀抱着热忱去追求。我见过一些作家，孩提时代就已经写出了了不起的文章；还有一些牧师，8岁时就懂得站在凳子上向邻居的孩子布道。我们都曾遇过某些天才儿童，小小年纪就会自己摆摊卖柠檬汁，就跟经营沃尔玛百货公司没什么两样。反观有些成年人，却只会无助地站在街旁，拿着厚纸板和塑料杯乞讨。

你并不是这群人当中的一分子，因为你正在看这本书，他们从来不去思考如何发掘自己的人生目标，因为他们一直都知道自己的使命。他们很容易遭来妒忌，因为他们终其一生都专注于自己的天职，而且不必烦恼是哪种天职。

第二，另一种人会在某个时刻顿悟，找到自己的“一件大事”。

在线字典（dictionary.com）将“顿悟”（epiphany）这个词定义为“对某种事物有瞬间、直觉的体悟，或对某种事物在实际或本质上的意义有所洞察，通常是源自于一些简单、平凡或一般情况下发生的事件或经验。”

换句话说，这就是一瞬间的启示，伴随着云团、阳光还有天使合唱团的歌声。我听说有许多人经历过这种一瞬间的体验，而且通常是在“做某件事”的当下体会到的。我也发现大部分人确实在这样的过程中体验到这种顿悟，鲜少有人是坐在沙发上看《辛普森一家》时体会到“一件大事”的启示。（也不是说完全不可能啦！）

顺带一提，我所说的“启示”不一定跟神秘、鬼怪或超自然方面的经验有关。启示通常是由一件件小事拼凑而来，就是在你人生中每件事都变得有意义的时刻，也就是你忽然领悟到自己该做什么事的时刻。

这就是“啊哈！”或“有了！”的时刻。对这种人，我们只有羡慕的份，并且祝福他们。

但请记住，启示有千百种，而且牵涉各式各样的问题，但大部分都跟你的“一件大事”无关。

最后是第三种人（也是人数最多的一群）。在我的经验中，就是我们这些需要经历更长久的体验，才能逐步找到“一件大事”的其他人。

没有爆发性的“啊哈！”时刻，一路走来，我们发现零零碎碎的拼图碎片——过程中还会转错几个弯——最后才能开始拼凑我们的人生拼图。

这就是我所在的群体，也有可能就是你所在的群体。

如果年轻时就可以找到自己的“一件大事”，我非常乐意带着热忱、信念和意志去追求。但是，之前我没有受到鼓励、训练或指导，瞎摸索了许多冤枉路，甚至有好几年时间都在疑惑这世上到底有没有人生目标。

我想追求的事年复一年地增加——我相信，对于每件事，我都是认真的：

- 我曾认真考虑成为一名钢琴师，可以在大学赚外快，也可以在小镇的餐厅和夜店演奏。

- 我曾想当一名太空人，并找当地某位议员在我申请就读空军官校时当我的担保人。
- 我曾想当一名运动员，并且获得多所大学的体育奖学金。
- 曾经有一段很短的时间，我做过非常业余的魔术表演。
- 我还有一个抽屉装满了我写的电影剧本，只是从来没有拿出来制播。还有一本没写完的小说。

就这样，除了这些，还有其他我想做的事都不是一时兴起的，都是我下定决心想做却从来没有完成的。结果，寻找得越多就感到越苦恼。

相对于自己“想要”做的事，我开始坦诚面对自己“真正”擅长的事。然后，终于接受自己的本性，而且在开始注意到这些事之间的关联之前，已经花费了我好几年的时间。就像是看懂了山路旁的指标，一切终于开始有了意义。

坦诚面对自己，找到擅长并让你兴趣盎然的事，你的天命可能就在其中。

你找到使你的每一天都充满意义的事情了吗？

准备好去找了吗？

2.不仅要找到天命，还要知道如何实现天命

能让你感受到深刻的快乐，同时又能满足世上最深刻的需求，那就是你的使命。

——毕克纳（Frederick Buechner）

美好的人生不是偶然的。我和妻子凯瑟琳经常造访亨廷顿博物馆，这个地方包含了图书馆、植物园和美术馆，是由亨廷顿（Henry Huntington）夫妇建立的。20世纪初，他们在加州的圣马力诺市兴建了一栋布杂艺术（Beaux Arts）风格的豪宅。1927年亨廷顿过世后，这栋豪宅被改建为博物馆。拥有庞大企业集团的亨廷顿在60岁退休后，便将余生奉献于收购书籍和艺术品，并在他面积约240公亩的牧场设计园林造景，也就是这栋豪宅的所在地。

除了其他出色的收藏品，博物馆中还有一处专门展示肖像的华丽大厅，名为“桑顿肖像画廊”（Thornton Portrait Gallery）。我一面逛着画廊，一面看着挂在墙上的政治人物、艺术家、社会

领袖和军事将领的肖像，被他们脸上流露出一股独特的“意志力”所吸引。这些领导者都来自另一个世纪，他们都曾带着人生目标活着，而且是策略性地规划自己的生涯。就以雄心抱负和生涯目标来说，他们不会听天由命。

如果能早点发掘自己的“一件大事”

我想，如今我们是否已沦为“活在当下”这种想法的牺牲品——以为只要能过得去，就是最好的一条路。尤其是，假如你是1960年代出生的孩子，过着随遇而安的生活听起来或许有点浪漫，但这世上真正具有影响力的人事物并非随便就能遇上，更很少因意外而发生。我父亲是来自南方的传教士，不太懂得如何将策略性规划应用于生活艺术中。于是，一直到成年后，我才开始思考生涯规划之类的事，但这时已经有点晚了。

此外，我来自传统的基督教背景，并不主张“为自己的人生负责”这种说法，“交给上帝”才是我在教会里听过无数次的老话。教会鼓励我们“请求上帝为我们指引人生的方向”，看它会将我们带往何处。

现在回想起来，才意识到当时的自己有多天真。尽管那些说法都没有错，但并不表示你不用努力寻找自己在这世上的位置。

逛过一圈画廊之后，我突然明白这些领导者之所以走向伟大的原因。这其中有一点很关键——他们都找到了能够使自己“专心一致”的力量。假如认真想一想，我们也会为自己对年轻人的严苛而感到惭愧，我们一直致力于指导他们从小就培养出日后从事法律、政治、军事或音乐方面的多项能力，但这并没有几个人能真正做到。伟大的人都会专注于“一件大事”，会认真立下雄心壮志，过着目标明确的人生。我在研究将军、建筑师、作家、艺术家、商业和政治领袖的肖像时，同时也在思考自己的人生志向在哪里。如果我的人生目标能更明确，那又会如何呢？

我很乐意把我看到的一份简历奉献给你们，但愿你们可以从中得到启示。

1809年，出生在寂静的荒野上的一座简陋的小屋；

1816年，7岁，全家被赶出居住地；

1818年，9岁，年仅34岁的母亲不幸去世；

1832年，23岁，竞选州议员，但落选了；（请注意，在大多数人正在享受青春时，他已经明确了人生目标。这当然不会是一时的心血来潮，因为他之后一直走在这条路上。甚至可能，从他

7岁那年，这个目标就已经开始。）

1834年，25岁，再次竞选州议员，当选；

1835年，26岁，订婚后即将结婚时，未婚妻病逝，因此他的心也碎了；

1836年，27岁，精神完全崩溃，卧病在床六个月；

1838年，29岁，努力争取成为州议员的发言人，没有成功；

1840年，31岁，争取成为被选举人，落选了；

1843年，34岁，参加国会大选，又落选了；

1846年，37岁，再次参加国会大选，当选；

1848年，39岁，寻求国会议员连任，失败；

1849年，40岁，想在自己州内担任土地局长，被拒绝；

1854年，45岁，竞选参议员，落选；

1856年，47岁，在共和党的全国代表大会上争取副总统的提名得票不到100张；

1858年，49岁，再度参选参议员，再度落选；

1860年，51岁，当选美国总统；

1864年，55岁，连任美国总统，北方军取得胜利。

你应当听说过亚伯拉罕·林肯的名字，但大多数人只知道他是美国第16任总统，却不曾知道他从23岁开始已经奔走在这条路上。

如果你更早地明确你的人生目标，最终会怎样？谁也无法想象。

策略化规划人生

假如没有策略性规划，我们的人生就会变成一场大灾难。漫步在亨廷顿图书馆的画廊时，以下这些问题一直盘旋在我脑海中：

- ★ 如果在童年时期，父母就不断寻找我所擅长的领域，那会如何呢？
- ★ 如果他们把我的教育重点放在这些领域的运用，那会如何呢？
- ★ 如果父亲曾鼓励我去追求一个具体的事业，那会如何呢？
- ★ 就算我后来选择自己想要追求的事业，我会更认真对待吗？
- ★ 如果我带着更坚强的信念追求我的目标，又会如何呢？

“守株待兔的人也许会有所收获，但收获的都是努力的人剩下的东西。”这句名言据说出自林肯，尽管从未获得证实，但也没被历史学家正式否认。不管是不是，我都喜欢这句名言。在现今许多社交圈中，“野心”成了丑陋的字眼。但是说实话，这有什么错？只要带着谦逊的态度，规划、前瞻性思考、渴望在有生之年取得这世上某些重大成果，有什么错？

为了影响现今的文化，我们必须具备经验、资历，以及只能靠策略性规划才能积累而来的人脉关系。一面在画廊漫步，一面凝望着这些伟人的肖像，我领悟到过去伟大的领袖不仅仅是把握天命，还要知道如何实现天命。

参加与电影人的会面是我最喜欢的工作之一，因为通常在那里可以听到很多关于好莱坞的故事，这让我十分好奇。让我印象最为深刻的，是在一次会面时听到的关于斯皮尔伯格的传奇。能够听到世界电影史上最卖座的电影导演的故事总是让人兴奋，所以我很乐意将它分享给大家。

有的时候天命的出现似乎也很儿戏，就像孩童脑袋里的淘气主意，会在不经意间突然冒出来。假如斯皮尔伯格在17岁时没有去电影制片厂参观，今天我们会少了很多观看优秀电影的乐趣。就是那次参观突然点亮了他脑海里的灵感，在参观还未结束时，他就好像突然找到了自己的人生目标——成为一名导演，拍出最好的电影。第二天，他穿了一套西装，提着父亲的公文包再次来到制片厂。他故意装出一副大人模样，骗过了警卫。他在电影厂里找到一辆废弃的手推车，用一块塑胶字母，在车门上拼出“史蒂芬·斯皮尔伯格”“导演”等字样，这成为他成功的第一步。然后他利用整个夏天去认识导演和编剧，每天都以一个导演的身份来要求自己。从与别人的交谈中学习、观察、思考，并最终在20岁那年成为正式的电影导演，开始了他大导演的职业生涯。

你或许会觉得斯皮尔伯格目标的确立有些儿戏，但他却真的成功了。目标的确立其实并不是一件需要翻来覆去考虑的事情，重要的是当目标确立之后如何为之奋斗。

斯皮尔伯格只有一个，但相反的例子却有很多。另一个案例，我的一个高中好友从没找到他的“一件大事”，一直过着苦恼的人生。刚上大学时，他的内心雀跃不已；后来却中途辍学，因为他发现自己对上大学失去了兴趣。他一度以为自己想当个演员，来到好莱坞发展后，几年下来却一事无成。于是他去上了一门课并成为房地产经纪人，但也没做多久。后来结了婚，却因为一直找不到适合的工作而倍感压力，最终导致婚姻破裂。

现在他已经五十几岁了，在一家小咖啡厅工作，每天看招聘广告，每天上网搜寻快速致富的方法。

那你呢?

现在是开始带着人生目标、意志力和雄心抱负生活的时候了吗?

第2章

你并不知道“一件大事”是你的人生拐点

> 赫雷修，天地间还有许多事，就算是聪明睿智如你也想象不到的。
>
> ——《哈姆雷特》第一幕第五场

3.为什么要追寻“一件”大事?

工作很辛苦，让人分心的事有一大堆，时间却不够用。

——霍克希尔德（Adam Hochschild）

这一生中，我花了很多时间为规模庞大的组织提供谘商服务，其中最常遇到的一个问题是：其实他们做了很多很棒的事——但就是太多了。在大部分案例中，即使是最成功的组织也会面临挣扎，因为多年来他们被太多不同的方向牵扯着。

苦恼，因为你做的事太多了

或许十年前，有某家公司决定开设新的产品部门，某间教堂决定设立一所新学校；或者，有某家非营利组织发起几项新的方案和想法。当然，这些计划在当下听起来都很好，而且也有效实行了一段时间，但多年后却像依附在船只上的甲壳动物，开始拖累整个组织，整艘船的行进速度也慢了下来，更别说大量耗尽组织的资本。

听起来很像你的人生吗？有多少次了？某些当下听起来很棒的事，在我们同意进行了一段时间之后，却发现这些事开始拖累我们。就像甲壳动物，这些责任会拖垮我们的动力，阻碍我们完成梦想。

我最喜欢的一句名言据说出自于天才艺术家米开朗基罗。某位崇拜者问他如何雕刻出这么棒的雕像时，他回答，他不是在刻雕像，而是移除多余的石头，让里面的天使显现出来。

我为那些组织所做的事，有许多也是一样，只是剔除多余的石头。一般来说，经过几年，有时数十年，有些事——即便是好事——苦恼会越积越多，久而久之，组织会完全变了样。他们脱离了自己的本质、专业或品牌，以至于连老客户或赞助者都不再认得他们了。

这些深陷苦恼的组织，触角伸得很广却不够深。他们做了一大堆事，却没有一样出类拔萃。而缩减规模的问题在于，被裁减的部分往往是“好”的事物。大部分领导者发现，要裁减这些计划和部门很困难；或者说，将来要恢复以往规模较大的计划也一样困难（只要看看联邦政府就知道了）。但事实上，除非他们能接受批评并重新调整，否则全部会像纸牌堆的房子一样崩塌。

对于这些客户，我的建议——而这也是我对你的建议——都是一样的：退一步检视你现在所做的每件事。哪些是你做得好的？哪些是你做得不怎么样的？哪些事会让你感到兴奋？哪些不会？哪些事能真正带你走向未来？在你有所成就的领域中，你可能成为什么样的佼佼者？

如果都没有——那就学学米开朗基罗，开始剔除多余的石头吧！真正的重点在于，“减少专注”在其他人觉得重要的事，而是“更专注”在你生来真正要完成的事情上。

最近我和凯瑟琳刚结束欧洲的一场电影拍摄，然后到伦敦度周末。每次到伦敦，我们总是会前往诺丁丘的波多贝罗市集逛逛。

那是个不可思议的体验，就算是在酷寒的冬天，市集仍挤满了购物人潮，仔细寻觅古董、珠宝、古籍、衣服等其他美妙的玩意儿。大部分摊贩的商品琳琅满目，而我非常着迷于古籍书摊。

快天黑时，我走到了其中一个摊贩那里，一位可爱的老年女士只卖两样东西：古董面包切板以及搭配的面包餐刀。英国人称“面包切板”的东西，美国人会称为“砧板”——然而，英国的切板形状像个圆形餐盘，而且雕刻得非常精美。

凯瑟琳注意到有几个切板是19世纪的古董，当她看这些切板时，我开始跟这位女士聊起来。我得知她已经八十多岁，卖这些古董面包切板已经有四十七年左右。市集里大部分摊贩卖的都是各式各样的古董，我问她：“为什么只卖一样东西？为什么只卖面包切板？”她回答，四十七年前她想方设法要在众多摊位中脱颖而出、吸引目光。但发现，只要是想象得到的东西，其他摊贩都在卖，于是她决定专心卖一样东西。

她喜爱烹饪，对罕见的面包切板相当着迷，于是经过多方深思熟虑，她决定专心卖面包切板。经过这么多年，她依然在卖面包切板，而且市集里每个人都知道她就是那位“面包切板女士”。她只卖一样东西，而且做得非常好。凡是对面包切板有兴趣的人都是她的老顾客，而很多闲逛的顾客，也往往在看到琳琅满目的精致古董切板时，驻足于此，甚至掏腰包买下一个。尽管他们并不十分清楚这个东西到底有什么作用。

这位慈祥的老奶奶从没受过营销训练，对她来说，“品牌推广”一词就只是在牛身上烙印标记的意思（译注：branding有品牌推广和烙印的意思）。但是，她凭直觉就知道，如何在一片混乱中突破重围，在一群竞争对手中吸引目光。

市集里也有其他摊贩会卖一些面包切板，但样式都跟她的不一样。她把所有时间和精力专注在一样东西，并因此找到了适合自己的位置，也引来寻找特定商品的人潮。

问题来了：你要继续东尝试一点，西尝试一点吗？你还要继续做一大堆事，却没有一样是杰出的吗？你还要在一片混乱中迷失方向吗？或者，你要找出你自己的“一件大事”，放弃其他一切，带着所有热忱追求这件事呢？

样样精通仍需一样出众

最初我在博客写下面包切板女士的故事时，有一些读者作出回应。有些人说，他们擅长的事很多，不可能限制他们只追求一件事。事实上，“限制”这个词，经常被某些人用来反对将自己的才华和热忱集中在追求“一件大事”上。

我知道他们为什么会这么想。我会弹钢琴也着迷魔术，曾经梦想成为一位魔术师；我喜爱历史——尤其是美国独立战争时期和19世纪的地理大发现时代——并拥有神学博士学位，但我的工作却主要集中在电影和电视制作；我是作家也是专业演说家，还教书、滑雪……恕不一一赘述。我对学习充满热忱，因此对各式各样的题材和议题都有兴趣。

这世上我最不想做的事，就是限制自己的兴趣和热情，而且我也不建议其他人这么做。不管你的"一件大事"是什么，倘若能从各种不同的观点切入，你一定能做得更好。我一直觉得我之所以能更有创意，是因为我喜欢歌剧、魔术、历史和神学；除了这些以外，我还会运用其他观点来解决创作瓶颈。

我的一个朋友开设了一套独特的企业训练课程，帮助企业解决高难度的挑战。如果有企业在设计新产品、克服组织障碍，或在打入一个新市场方面遇到困难，他们往往会派高级主管花几天的时间到我朋友的教室上课。

但是，上课的内容并非他们原先所想象的。

举个例子来说，曾有一家自行车公司派人来上课，因为他们新推出的概念车出现设计瑕疵，正为此一筹莫展。当他们到教室上课时，我朋友组织了一个团队——成员都不是自行车专家，而是一位将军、一位心脏手术医生、一位大学足球教练、一位作家和一位家庭主妇。不用说，那群自行车设计师和主管一开始感到相当惊讶，甚至还有点失望。但是，当他们开始讨论问题并听到不同的潜在处理方法时，都为之惊叹。手术医生将这个瑕疵看成结构上的问题，将军把它看成战争策略，而主妇则将它看成家庭问题，诸如此类。成员们各自提出了独特的疑问、经验和想法。

借由这些独特的角度看待这个问题，他们在前所未有的短时间内解决了这项设计瑕疵。这个瑕疵原本花了自行车专家好几个月的时间都解决不了，但是听了各种完全不同的想法之后，几天之内就解决了。

追寻你的“一件大事”时，各式各样的经验和专长都很重要。所以要继续思考、学习与成长，不管你要做什么，都不要停止上吉他课、舞蹈课，也不要放弃天文学的兴趣。继续阅读，继续开拓你的经验和观点。

在人生的追寻中，从事各种活动都具有挑战性、刺激性和启发性。但你要知道，就个人的事业生涯、天职或梦想而言，你不会因为颇“擅长所有事物”而获得非凡成就。

几年前，格拉德威尔（Malcolm Gladwell）写了一本引人入胜的书，名为《异类》（*Outliers*），书中探讨了某一小群人打破常规的表现。作者在许多案例中运用了所谓的“一万小时法则”，说明表现优异者都是远比其他竞争者专心一致、意志坚定，外加至少一万小时的身体力行。

显而易见，许多表现优异者似乎“天生”就具备超凡的技能。把他们的成果拿来跟我们大部分人相比，譬如迈克·乔丹或科比·布莱恩特的篮球表现、巴菲特的投资成就、比利·格拉汉姆（Billy Graham）的布道能力，或者是乔布斯生前的远见，都不是大部分人能力所及的事。但事实上，他们每一个人都投入了多年时间，致力于实践并探索自己的“一件大事”。

以“异类”的例子来说，有时我们确实会遇到，富有天赋的人也能把许多事做得非常好。但就算在这些少见的案例中，这些天赋异禀的个人并不会因为自己具备各种不同的才能而闻名于世，而是因为“一件大事”让世人永远记住。

有些运动员，例如迈克·乔丹，擅长各种不同的运动——甚至都达到专业水准以上。不过，尽管他大部分的运动表现都在你我之上，但乔丹从来不是因为棒球场上的非凡技能而让人印象深刻。他是以篮球传奇人物的身份，在大家心中留下难以磨灭的印象。

而且，他是如此专注于篮球，在篮球上所花费的时间远超你的想象。事实上这样天赋异禀的人有很多，但他们之所以为人所知，只是因为专注做好了“一件大事”。因为专注，成就非凡。即使天赋异禀，仍需找出“一件大事”去专注。你不能指望每天分别花费两三个小时在篮球和棒球上，然后在两项运动中都取得了不起的成就。

4.“一件大事”的力量

我只有一件事……

——使徒保罗《腓立比书（3:13）》

不同阶段的人，都会遇到不同的瓶颈期，无论是生活分岔路的选择，还是工作上的裹足不前，这个时候找到“一件大事”去突破人生局限，显得迫在眉睫。

我们每天所做的每一个选择都能决定“一件大事”是什么，我们所做的每一件事都在传递信息，我们所传递的每一个信息都在散播自己的影响力。若是忽略这种认知，就等于是忽视影响别人的机会。而不设法影响别人，不设法引起关注和得到帮助，就无法打破人生关卡，迈向新阶段。

雕塑自我品牌，打破人生瓶颈期

2003年，蒙托亚（Peter Montoya）和梵德贺（Tim Vandehey）写了一本书，名为《打响自己就一招》（*The Brand Called You*），副标题非常清楚：“自我品牌完全雕塑手册”，这是市面上第一批帮助大家了解自我品牌的力量的其中一本书。

尽管自我品牌跟我说的“一件大事”不一样，但我认为，了解何谓自我品牌以及与“一件大事”的关联，还是颇为值得的。

品牌是因为观感的重要性而相对重要。1969年英国广播公司制作的纪录片《英国王室》，被许多人认为是改变大家对英国贵族和王室看法的转折点。内容主要描述伊丽莎白女王和她的家族平时看电视、在家放松的样子，以及一般日常活动——也就是我们“一般人”都会做的事情。

尽管这部涉及隐私的幕后影片可以让英国各地无数子民更爱戴王室，但以往隐藏在王室这片幕帘背后的浪漫气息也因此消失了。某些历史学家和王室观察家认为，从此王冠上的光环逐渐消退，而英国一般民众对王室也不会再抱着一如往常的神秘感和敬意了。

因为失去了神秘性和独特地位，王室也失掉了部分品牌价值。当然，这与我们所说的“一件大事”毫不相关，我只是想说明，独特，对你来说有多重要，像王冠一样重要。

假如大家对半杯水的观感可以从“半满”改为“半空”，便能看到无限的创新机会。

——彼得·德鲁克（Peter F.Drucker）

宗教和非营利组织总能激发我的热情，因为他们在这世上真的有所作为。不管是拯救饥饿儿童、在第三世界建造水井、提供医疗照顾，或是协助深受信念问题所困扰的人们摆脱困境，看着他们在世界各地改变人们的生命，没有什么更让人感到欣慰的了。写这个章节时，我正从印度新德里搭机返回美国。我和妻子凯瑟琳跟印度一家一流的非营利机构合作，在一场研讨会上为一群年轻而有创造力的领导者授课，授课的主要内容就是如何重新找回组织的独特性。

多年前，我发现有许多非营利机构和宗教组织并不了解他们自己的“一件大事”。也许当初他们是为满足某种特定需求而设立，但多年下来，那些需求已经扩大或改变了。而他们的注意力往往已经分散，并且在多年后才发现，自己早已因为脱离了原本的愿景而失去效益，也就是说，他们失去了当初设立时的独特性。

听起来跟我们的情况很像，不是吗?

经过这些年的参与后，我开始探索品牌与“一件大事”之间的关联。毕竟，想要有“影响力”去打破人生瓶颈期，首先就要探索你生来要完成的事。因此，你的“一件大事”可以用许多方式表达——你存在的原因、人生的目标、天命或甚至所谓“生来的使命”——而你的“品牌”即你对自己的塑造。换句话说，当人们想到你时，会联想到什么?

我们用“一件大事”塑造的自我品牌，在向世界传达着某种信息。我们的老板、爱人、客户、投资人、赞助者、一般大众——不管是谁——如何解读这样的信息，都会对我们功成名就的能力带来重大影响。

所以我认为，了解一些关于自我品牌（即“一件大事”所塑造的自我品牌）的见解也颇为重要。在蒙托亚和梵德贺的书中，他们分享了三个重要的见解：

第一，知名度非常重要。

在媒体带动的文化中，“被看见”就跟把事情做好一样重要。这么说可能会激怒某些人——但这是事实。目前在世上有无数才华横溢、天赋异禀的专家，却从来没有影响力，因为大家不知道他们是谁。

在好莱坞，我总能看到这样的事情。身为制作人和导演，有时候参加试镜总会让我感到惊讶。有些演员具备惊人的天分，但他们却默默无闻。他们都具有不可思议的天赋，却从没受到认可，或者根本不出名。我和他们进行探讨得出的结论是，他们好像并没有真正发现自己，没有做对的事情。否则你无法解释有些才能和技能并不出色的演员只凭着一个角色就从此大红，可以赚进比他们多出几倍甚至几十倍的钱。只因他们在对的时机出现在对的位置，或者说，他们找到了自己的“一件大事”，用自己的独一无二吸引了“投资”，顺利闯关。

我发现在任何一个行业中都是如此。比如你在电视上看到或从广播节目中听到接受访问的商界人士，不一定都是最有天赋、最有能力，或是最受人敬重的商界领袖。

菲尔博士（Dr.Phil）是美国最棒的心理学家吗？

欧兹医师（Dr.Oz）是最棒的医生吗？

NBC新闻台的威廉斯（Brian Williams）是最棒的记者吗？

茱蒂法官（Judge Judy）是最棒的法院裁判长吗？

未必！但他们具有影响力，因为知名度的关系。

知名度从何而来？显然，最知名的人未必是行业里做的最好的，但他们一定是用“一件大事”展现了最好的自己，他们的独特、他们的热情和信心，影响了周围的人，进而获得越来越大的知名度。

第二，要有真才实学。

能力重要吗？毫无疑问。教育、技能、专业和个人成长都至关重要。当大门打开时，你最好已经做好上场的准备，而且要有才能和教育背景做后盾。然而，除非是大门打开了，否则任何人才都发挥不了价值，只能在家自娱。

第三，在媒体带动的文化中，与众不同最重要。

在蒙托亚和梵德贺关于自我品牌方面的想法与探索你的“一件大事”之间，有着最接近的关联处。这个世界并不需要某位作家、音乐家、政治人物、总裁或领导者的复制品，而是不断寻找某个新颖又能原创的人。既然上帝赋予你独一无二的DNA，你的工作就是发掘独一无二的天赋与才华，让自己与众不同。

唯有与众不同的你，才会吸引目光突出重围，做一件对的大事就此被世人看见，这是“一件大事”带来的伟大力量。

让你热情洋溢、自信满满

热情可以帮助你找到“一件大事”，而发掘属于自己的“一件大事”后，也会令你对目标充满热情。

> 缺乏热情，就无法成就任何“一件大事”。
>
> ——爱默生

仔细想想，这世上还有什么事情比找到生活的目标更让人兴奋，更能激发你生活的激情？

找到属于自己的“一件大事”，会自然而然让你对生活充满信心。就像是一个神奇的魔法施加在你身上，让你突然间发现到自己的价值。

这就是“一件大事”的魔力。热情和信心是当你找到“一件大事”时的附加奖品。只要找到属于你的“一件大事”，即便只是一个最普通的农工，也能做成不可思议的事情。

2011年，我和凯瑟琳到东欧拍摄纪录片时，在布达佩斯参观了一座设计精良的博物馆。这座博物馆是为了纪念1940年代受到纳粹压榨、折磨、拷打和杀害的匈牙利受难者修建的。它的设计，是我有生以来见过最具吸引力的一个范本。我最大的疑惑在于，为何有人能动员这么多人盖出如此雄伟的酷刑房以供人们纪念——尤其这是一件足以累垮人的工作——而且是在挨饿受苦的情况下建造的。直到我偶然看到一群农工在清理一块地。那是艰难的工作，要搬运巨大石块、铲土，还要用手搬土。奇怪的是，这些工人虽然筋疲力尽，有些甚至已伤痕累累，却仍一边唱歌一边劳作。他们脸上挂着微笑——尽管那是令人痛苦万分、精疲力竭的工作。

我好奇地问其中一名农工：“你为什么可以一边搬运石块一边唱歌？”

这名农工毫不迟疑地回答：“喔！我们不是在搬运石块，而是在打造一个更美好的世界。”

这是我听到过的最奇妙的回答，我很久没有见到过对自己做的事如此充满信心和热情的人了。换做是你的人生，你会怎么看？你觉得自己是在搬运石块，还是在打造一个更美好的世界？

我的所有疑惑在他的回答中全部被解除了，他们要打造完美的世界，因此充满热情，并对要做的事充满信心，尽管这件事在今天看来都非常不可思议，他们却真实地用双手完成了目标。

在日复一日的生活中，我们往往难以看清未来的愿景，也难以知道自己在这世上能有什么作为，所以，找到自己的“一件大事”显得格外重要，就像那个农工所做的那样。

找到你心目中的“一件大事”，可以放宽你的视野，即便具体的工作只是在搬运石块，你却清楚地知道背后有个更大的目的，使你可以充满热情地去完成重复且劳累的工作。

想实现伟业的人们应当懂得这种特质。你必须承认，无论你想做什么样的事情，自信和热情都是必不可少的。热情会令你充满力量，克服重重困难；自信则使你执着坚定，不达目标决不罢休。

也或许你并不想成为伟人，但即便如此，发掘你的“一件大事”对你而言依旧有意义。它可以让你的生活和工作变得更有价值，让你身边的人都觉得你充满活力。

我在布达佩斯最大的收获是：不要因为搬运石块而抱怨，而是要开始庆祝自己开始打造更美好的世界。你的热情和信心会把你带往天堂彼岸。

为你带来意想不到的资源

一切资源的涌入，都与个人影响力息息相关。大部分人都想变得有钱，甚至还想一步登天、出人头地。但最终你人生中要完成的大事里，最重要的是留给世人的影响力。

我想我需要提出一些实际的案例，让你了解到影响力可以发挥得很深远，以换来高额的报酬。还是在好莱坞（这实在是一个很神奇的地方，总能有各种让人意想不到的事情发生），彻宁娱乐集团总裁彻宁（Peter Chernin）有一笔很特别的收入。当初有线电视界巨擘康卡斯特公司（Comeast）买下NBC大部分股份时，愿意付给彻宁“每次”10万美元的咨询费。

这笔钱到底是为什么而付？我想答案很简单，因为彻宁具有在娱乐行业广泛的影响力，而影响力能带来许多意想不到的资源。

我想很多人会希望像彻宁一样，依靠影响力来获得利益。至少我是这样想的。要达成这样的目的，最好的方法就是发掘你的“一件大事”。

为什么？因为发掘你的“一件大事”可以让你热情洋溢，而人们也会回应你的热情。热情是世上最有感染力的情绪之一，大家会一个接一个受到感染。

换个方式说，假设我的邻居对探索太空有热情，但是他已经退休、体重过重，有资格加入太空计划的机会为零，我就不会跟着他兴奋了。但假如我遇到的是一个热情洋溢的年轻人，刚从空军官校毕业，还被太空总署录取，正在努力朝着自己的目标迈进，那么我会想听听他的故事。假如有机会，我还会愿意尽我所能帮他一把。

那些追求人生“一件大事”的人，吸引人群就像磁铁吸引回形针一样。人们会追随有愿景的人，并且心甘情愿地为他提供资源。

当然你要明白，任何人都可以发号施令，但发号施令不等于影响力。我遇到过很多管理者，普遍的看法是只要顶着头衔就是领导者。自称领导者并不会让你变成真正的领导者，就像自称雪佛兰并不会让你真的变成一辆跑车。在某次商业活动中，我有机会与领导学专家麦斯威尔（John Maxwell）同台演讲。我在后台听到他告诉观众：“如果你认为自己是领导者，却没人跟随你，那你只是独自一人在散步。”

“发号施令”与“带领改变”有非常大的不同。社会运动之所以产生，是因为有公信力之人的愿景与热情激起了忠诚的追随之心，是因为他对“一件大事”的热情和信心影响了其他人。1960年代有许多人“谈论”民权，但只有少数非裔领袖勇于表达令人信服的愿景与策略，还要承受被捕和坐牢的风险。种种强而有力的因素加起来，为他们带来极大的公信力，超越了许多只会口喊空话的人。

>> 你想要影响谁呢？

现在就开始思考这个问题的答案吧，因为这个答案能帮你专注在你的“一件大事”上。或许更重要的是，这个答案能帮助你决定所需的知识和经验。在《拿出你的影响力》中，作者指出：“我们之所以面临许多难解且持续存在的问题，有更多原因来自于技巧的不足（继而缺乏用心实践），并非完全源自于天性使然、缺乏勇气或性格缺陷。”

换句话说，人们没有能力改变的原因，不是因为个人弱点、缺乏魄力或某种缺点。绝大多数案例研究一再三证实，人们就只是缺乏资讯——说得更明白一点，就是缺乏技巧。而且，我说的不只是坏习惯或弱点。绝大多数人认为自己无法找到人生的“一件大事”，是因为无法凝聚出实践一件大事的自制力、专注力或能力，但这并非事实。这些年来，你以为自己是因为缺乏自律而受到拖累，但那只是你一厢情愿的迷思而已。

你只是没有掌握到能让自己做出改变且合适的技巧罢了。

真正的影响力就从了解这一点开始，资源的获取也从这一刻开始。

说话前要三思，因为你所说的话和影响力，可能会在其他人脑海中埋下成功或失败的种子。

——拿破仑·希尔（Naplleon Hill）

当你运用正确的工具去实践心中热爱的目标时，影响力往往会在这时候出现。一旦开始培养自己的“一件大事”，产生重大影响的可能性也会开始发酵。只要在某个特别热爱的领域积累出专业能力和说服力，就能立刻开始影响周遭的人。

燃烧中的熊熊烈火很难不被注意，而资源就在你被注意的过程中汹涌而来。

资源的获得对这些成功人士而言似乎过于容易。而很多人苦苦挣扎于创业边缘，始终无法获得认可。他们认为是运气或者是人脉、天生环境差异使然，而我完全无法同意这种观念。

你需要弄清楚以下的一系列问题：

- 你是否足够独特，甚至塑造了独一无二的自我品牌？
- 你是否找到了“一件大事”，并用它来突破人生关卡？
- 你是否拥有足够的热情和信心，产生了足以吸引全世界目光的影响力？

假如这一切你都没有，那么很遗憾，有问题的不是环境及其他，而是在于你自己。接下来最正确的决定是：放下所有的抱怨和不满，立刻动身去找属于你的一件足以让你疯狂的大事。

第3章

探索“一件大事”，永远不嫌迟

> 思想软弱的人害怕改变，因为他们只想安于现状，对于新事物怀有几近病态的恐惧感。对他们来说，最大的痛苦就是来自于新的想法。
>
> ——金恩博士

5. 为你的人生选择目标

头脑是你的，脚也是你的，想往哪个方向去，都是你自己的选择。

——苏斯博士 （Dr.Seuss）

近期最具有竞争力的一种APP，就是被大家称为“效率”（productivity）的类型。这一类型大多是协助处理待办事项和任务管理的程序，主要是在艾伦（David Allen）的畅销书《搞定！两分钟轻松管理工作与生活》的带动下盛行的。无论是过去利用记事本记录，还是现在用APP来协助安排待办事项的优先顺序、排定时程、分门别类和备注说明等，把你的待办事项从脑袋掏出来写在纸上非常重要。

我超爱用“效率”类型的APP，因为我发现，只要把待办事项清单“整理好”，事情就“完成”了一半。把脑袋中想要做的一连串事情记录下来，并整理出一份待办清单，确实能让我轻松不少，至少不用担心忘记做什么事。

而且，对我来说，这些APP最棒的地方在于优先顺序的安排，也就是可以用颜色标记强调清单上真正重要的工作。想象一下，假如每天做决定时没有哪种工作比较重要的观念，那会变得如何？我要先写我的新书还是先回复电邮？我要先计划老婆的生日还是先写博客？我要先处理税务还是先修理故障的水管？

我们每天都要下许多决定，当中包含了真正重要的事，可以先放一放的事和没有必要花费时间精力去做的事。事实上到目前为止，我认为有人之所以毫无成就，就是因为他们无法在自己的生活中决定重要的优先顺序。

人生就是解决一个个待办事项，探索“一件大事”的过程就是创造你自己的APP，用人生APP确定优先顺序，生活才能产生效率。

> 除非重视自己，否则你不会重视时间；除非重视时间，否则你只是在浪费时间。
>
> ——派克（M. Scott Peck）

选择的力量是不可思议的。改变人生的能力，与你做出选择的能力以及对自己的选择负起责任，都有直接的关联。

换句话说，你的使命取决于每天所做的决定。

重点是，你所做的决定取决于你对“一件大事”的认知程度。不管你的人生选择做什么，都与你所要达到的人生目标相呼应。

假如你的“一件大事”是成为一名电影导演，你的兴趣、你接触的事物、你选择的专业，你所做的任何一个决定，都会循着成为一名导演的路径而行。因此，一个没有人生目标的人，在做出任何决定时都可能是盲目的，是没有效率的。他没有自己的人生APP，无法排定优先顺序，也无法做出正确的决定，因此每做一件事，对他的人生而言都可能是毫无意义的，只是在浪费时间。

那么，我们如何才能编写程序，创造自己的人生APP？显而易见，最重要的是，首先为自己的人生选择目标，即找到最为重要的、最适合自己的、能引燃热情的，愿意终生为之奋斗的“一件大事”。

你从内心热爱戏剧，一直梦想成为金·凯瑞那样的喜剧演员？

你一直没有间断写作，做梦都想出版自己的作品，以成为名副其实的作家？

你对非洲儿童的苦难无法漠视，内心总渴望着去往那片大陆，为孩子们做些什么，甚至开始厌恶自己所过的优渥生活？

那么，你就该开始行动，用人生目标，确定所有事宜的优先顺序，一切为了实现最终的目标服务。无论你现在在做什么，无论你的生活、工作是怎样的，总要开始行动，“一件大事”才能浮出水面。

拥有目标不是结果，活出目标才重要。

>> 价值观决定“一件大事”。

在人生的保龄球道上，价值观就像是“防洗沟栅栏”，决定了我们的界线。也就是说，在那些让人迟疑不定的问题中，我们能做到什么程度。知道哪些是重要的事（你认为有价值的事），是过着有意义、有目标人生的关键；而你的价值观就是界定“一件大事”的关键步骤，因为“一件大事”不会跟你的价值观相抵触。

浏览色情网站会破坏我的婚姻吗？

为了要拓展事业，在客户报告中夸大事实，真的值得吗？

当老板问起跟我处于竞争的同事时，为了升迁，我可以谎报同事的情况吗？

填报税单时，我可以捏造一些资料吗？

在支出报表上更动一些数字，真的会有人发现吗？

出差时跟陌生人发生一夜情，妻子真的永远不会知道吗？

价值观可以用来判定重要的事，也会影响你每天要做的决定。因此，除了影响重大抉择，例如对另一半不忠、抢银行、杀害邻居的可能性，价值观更主宰着我们每天要做的无数小决定。

对于人生当中许多小事情，绝大多数人都不会认真看待，但从许多方面来看，却反而是人生中最重要的竞技场。毕竟，大部分人当中会去抢银行或杀害同事的可能性有多少？

可别回答这问题。

那么，为了争取加薪而破坏同事的名誉呢？有多少次在私底下或是用电邮向老板批评对方呢？有多少次是我们原本可以帮忙却决定袖手旁观，让对方独自承担大案子？

还有金钱呢？报税时你窜改过实情吗？虚报过支出报销吗？或是在迟到后跟妻子解释原因时“修饰”过事实吗？

每天我们都有无数机会表现自己的价值观，但说得直白一点，大多数人都搞砸了。这些当下看似不重要的事情，日后却可能成为破坏你的人生目标的罪魁祸首。

当然，我们都重视诚实、诚信与宽恕；但是，在面临压力时，我们真的能活出这些价值观吗？倘若要因此付出代价呢？如果报税时窜改资料如此简单，我们还要诚实报税吗？或者是，说实话能帮同事加薪，而且还是你梦寐以求的加薪，你会这么做吗？丈夫老是惹你生气或不理你，你还会支持他吗？

追求有价值的人生要付出代价，但也会有所回报。我们换来的报酬，就是能在白天坦荡荡地抬头挺胸，晚上则高枕无忧。或许，同样重要的是，这样可以让我们心安理得。欺骗、说谎、偷窃都会造成心灵上的痛苦，让人心力交瘁。请记住，上次你跟老板撒的谎，日后还要用另一个谎话来圆，简直让人筋疲力尽。如果不活在价值观的框架中，就无法拓展你的“一件大事”。

多年来，我有机会和几位电视和电影制作人合作，后来发现他们为了追求利益可以不择手段，例如削价竞争、破坏关系、无视合约内容。我不懂他们每晚照镜子或睡觉前如何审视自己，但不管是哪种情况，令我大快人心的是，最后他们不是倒闭，就是名声败坏，而且不会有多少人愿意再次与他们合作。

事实上，有时我们面临诱惑时会忽略价值观，而且通常是因为压力造成，比如来自同僚的压力、上级或时间的压力。在这种情况下，踏入激烈的战场之前，你必须做的一件事，就是锁定你的价值观。

举例来说，在我参加过的研讨会中，难免会有总裁悄悄建议我在广告活动中夸大其词。尽管有些人会义正词严地说，广告多少都带点夸大，但在当时的情况，他是要我们彻头彻尾地说谎。这对我们来说真是巨大的压力，因为我们的领导团队是冒着损失好几百万美元的风险走到这一步，而且眼看结案期限就要到了。

若是这时候退出，就会损失惨重，但我还是这么做了。因为名声一旦败坏，要花好多年时间重建，这种风险不值得一试。

价值观是至关重要的。

事实上，价值观可以帮助我们在追求“一件大事”时走上正确的道路，在探索人生目标时做出正确抉择。没有价值观，你将永远无法拥有一座稳固的基石，也就永远无法做出强有力的决定。做决定的信心源自于人生的基础，而价值观不可或缺的重要性就是其中关键。

搞清价值观，你跟人生的“一件大事”又更靠近一步了。

6.永远不嫌迟，就从现在开始

如果人生真的是由我们的所有决定所组成，我们就无法改变我们是谁。但是，只要能有新的选择，我们就能改变我们将是谁。

——1995年电视连续剧《外星界限》

最近，我遇到一位年近60岁的主管级人物，他向我诉说工作上的烦心事：那是他做了几乎一辈子的工作，但其实一直没发掘出自己生来的真正使命。他深信自己的机会之窗已经关闭，我激动地告诉他，事实并非如此。

钱德勒（Raymond Chandler）是美国最优秀的推理小说家之一，他一系列关于马洛侦探的经典著作拥有好几百万读者，也有好几部电影是根据他的小说改编。他的第一本小说《长眠不醒》（*The Big Sleep*）于1939年被改编成电影，由亨弗莱·鲍嘉（Humphrey Bogart）主演。他还为好莱坞制作公司“派拉蒙影视”写剧本，并参与过改编凯因（James M.Cain）的杰出小说《双重赔偿》（*Double Indemnity*）。

但这一切都是从他的中年才开始。1932年，适逢经济大萧条中期，当时44岁的钱德勒被解雇，有些人失业后可能会酗酒、拈花惹草、颓废丧志，但他和妻子决定摆脱过去失败的一切，重新开始。沿着加州海岸开车北上时，钱德勒偶然读到某本侦探杂志。突然，他有一个想法，也许他也可以写出类似的故事。

于是，他开始写短篇侦探故事，投稿到通俗杂志。尽管稿费很低，但是仍累积了足够的知名度，因而有机会出书。50岁时，他出版了第一本小说，销量一般。之后又写了三本小说，但销量仍不太好。后来他和出版社商量，让他换一家较小的出版社，以平装本再版他的第一本小说，结果卖出30万册，跌破大家的眼镜。

钱德勒一直到中年才找到他的“一件大事”，而且还成为侦探小说领域中最受欢迎且备受推崇的作家。对于后来的作家和电影工作者，他的影响力无与伦比。

>> 就算已经朝着同一方向走了许多年，现在也可能是改变的时机。

莫尔斯（Samuel Morse）对事业灰心丧志的时候，已经40

岁。他从儿时就一直学习绘画，无论是家人还是朋友，都认为他会成为一名大画家，他自己也理所当然地如此认为，为此他甚至前往巴黎逐梦。看上去莫尔斯已经找到了属于他的“一件大事”，并且走在正确的道路上。

然而事实并非如此。莫尔斯投入绘画的世界，却并没有找到自己的前途。他之所以一直坚持，是因为多年前父亲曾经建议他：“一次只专注于一件事。对一件目标专心一致，才是超级天才的特色。”父亲的教诲成为莫尔斯一直坚持的原因，直到40岁时，他才终于认清自己：绘画并不是他的“一件大事”，电报机反而令他更感兴趣、更有热情。1831年，莫尔斯输掉华盛顿国会大厦壁画的委任资格，这一刻起，被赋予的梦想破碎了，但新的梦想也在这一刻诞生。已经40岁的莫尔斯彻底放弃了已经小有成就的绘画事业。转而专注于电报事业。

就像历史学家麦卡勒形容的：

> 他必须一次只专注一件事，这是他父亲教导的。从今以后，这“一件事”就是电报，也就是原始电报机，现在还可以在他位于纽约大学的工作室中看到。这让人不禁猜想，假如他没放弃画画，这世上就没有人成功发明电磁电报，或至少没有莫尔斯发明的电磁电报。

至少在很多人看来，40岁转行是一件不可思议的事情，因为留给人们走向成功的时间已经不多。但我想说的是：只要找到了你的“一件大事”，就永远不会迟，随时可以开始。莫尔斯就是最好的榜样。他坚持了许多年才放弃画画，专注于发明电报，但最终他发明的莫尔斯密码改变了世界。

中篇

你的“一件大事”是什么？

第4章

很多人走错了方向

> 大多数人自以为知道，自己拥有哪方面的专长，但结果通常都是错的。
>
> ——彼得·德鲁克

7. 热情如火，小心灼伤

每一个人都有自己热爱的事。找出热爱的事，是你的分内事。

——盖伊·川崎

我一向特别着迷于某些高尚却带有风险的创业故事，因此，网络电视《隐形人》（*Invisible People*）最让我感兴趣的一点是：它的创办过程和源起。该网站创办人贺华斯（Mark Horvath）曾因失业而成为无家可归的游民，最后克服了过去的失败重新站起来，成为大规模非营利机构的营销主任。他天生就是个说故事家，所具备的技能与才华几乎足以为任何公司或非营利机构效劳。

然而，他就是放不下对街头游民的牵绊，我记得他曾经以说故事者和前游民的身份谈论自己的未来，并提到这世上没有人比他更了解，如何纪录街头游民家庭的悲欢历程。尽管贺华斯自己经过了一段时间才领悟到这一点，但是，灵光乍现的那一刻就像天降启示，他把自己的余生全部奉献给了这个灵感。

从那一刻起，贺华斯离开了薪资优渥的工作和舒适自在的生活，投入一场不可思议的旅程，并因此创办了网络电视《隐形人》。那是一个播放影片的博客，影片内容都是扣人心弦的故事，故事主角是来自全美各地的游民，男女老少都有。他怎么有钱经营网站？我也不知道。但我想，如果不是因为他的朋友和各界人士好心帮忙，他可能会一直无家可归，因为拍摄露宿街头的游民生活几乎就是他的全职工作。

但更重要的是，这件事已经变成了他的热情，往后的人生都是为此而活，而且珍惜每一次分享故事的机会。于是，贺华斯结合了最多元化的族群，这是我此生从未见过的：有来自中西部地区的家庭主妇，来自南方的教会领袖，还有来自加州的企业主管。不管是身在董事会议室，还是游民收容所，他都一样怡然自得。贺华斯以自己的故事穿针引线，将这一生原本可能不会有交集的族群集合起来。

在这个过程中，贺华斯成了运用社交媒体为自己的事业凝聚意识和支持的真正专家。他以美国游民议题的权威人士身份，受邀到世界各地举办的研讨会演讲，成为书籍、杂志和新闻报道的采访对象，也开拓出非凡的商机。事实上，假如你需要证据证明社交媒体可以打造出一个社区，只要看看贺华斯的例子就够了。他的几个网站现在已成为成千上万各行各业人士分享伤痛、苦恼和希望的地方。贺华斯找到了他的“一件大事”。

人生的最终目标应该是找个交会点，不但是全世界的重要需求，也要与你的热情相契合。对贺华斯来说，这个交会点就是“隐形人”网站。

>> 问题来了：你的交会点在哪里呢？

有些人的确对自己的事业赋予了足够热情，并且似乎很愿意为之奋斗终生，就比如前面讲过的莫尔斯，也曾决心为绘画事业奉献一生。但其实他的热情用错了地方，当然，这并不是他的错，热情不是错误，错误在于，那并不是属于他的“一件大事”，他只是还没有找到自己的“一件大事”，没有找到热情与需求的交会点。

有时，你不得不重新审视自己，坦承面对自己。认清你所为之付出的事业，是否是你真正所热爱的事业，就算是从事最高尚的事业也一样。

有位朋友曾参与为第三世界募款与建医院，那是一项伟大的事业，而且如果不做这个，坚持她原本的人生可能会过得更糟。

所以，她付出自己全部身心在这项伟大的事业上，但她依然会苦恼，直到最后，不得不承认，自己对这件事并没有自己想象的那么大的热情。多年来，她迟迟不愿面对这件事实，只因那是一项如此伟大的事业。

做一件伟大的事情固然很好，问题在于——那并不是属于“她的”事业。当她终于有勇气踏进自己真正有热情的领域时，已经浪费了多年的生产力。

把你的热情用在正确的地方，认清你的大事是什么，你才能避免被你错误的热情灼伤。

我为我的朋友投入了错误的热情而感到遗憾，同时也感到高兴，因为至少她还有时间去改正自己的错误。毕竟修正错误的机会并不是人人都有的，SUN公司就被自己错误的热情焚烧掉了自己的前途。

SUN本可以在它所在的领域成为一家伟大的公司，它有着一批极具才华、朝气蓬勃的软件工程师，也因此开发出了NFS、Solaris和Java等近乎完美的软件，但它的软件人才一直受硬件团队支配和服务。最典型的例子是SUN做出了Solaris，却只是让这个系统为自己的硬件服务。

SUN的热情一直放在硬件文化上，硬件文化意味着“与对手展开激烈竞争”，为此SUN封闭自己的软件，优秀的软件工程师们所设计出的完美作品，只能搭载在并非主流的SUN硬件平台上。受制于硬件文化的局限，SUN最终没有迈过被收购这道坎，致使手握着如此众多优质软件资源的SUN公司却在2007年到2008年期间市值蒸发了80%，并在2009年4月被贱卖给了甲骨文公司。

创始人麦克尼利在SUN被变卖后承认：“我们犯的错误就是把Solaris安装在自己的硬件上。如果我们没有这样做，它可能会被广泛采用。如果我们早些将它移植到英特尔平台上，那Linux就根本没有机会。”

但一切为时已晚。SUN不是没有机会成为最优秀的互联网公司，它只是弄错了它的方向，结果是伤痕累累，无可挽回。

你是否检视过自己，看看自己的热情有没有用在正确的地方？找出你真正热爱的事业，小心被错误的热情灼伤。

8．信念不是偏执，倾听内心真的呼声

大部分的人活了一辈子却对自己非常陌生，知道别人的事比了解自己的还多。我们真正的自己，被埋葬在自己所犯的错误、自己养成的不安全感，以及自己相信的谎言中。

——贝特森（Mark Batterson）

英特尔创始人安迪·格鲁夫最有名的一句话，叫做“只有偏执狂才能生存”，这句话被广泛传播，甚至比他本人以及他的英特尔公司还要出名。但我要说，这句话本身就是偏执且偏颇的。的确，凡是追寻人生奇迹，执着于“一件大事”的人，都是信念极强甚至表现出偏执的人，就像安迪·格鲁夫。但这种信念十足的偏执并非真正的偏执，而是源自找到了“一件大事”的执着。相反，很多听从这句话而偏执行事的人，其实并未找到他的“一件大事”，不过是盲目偏执罢了。

NBA电视连续剧《办公室》最初的故事，是以一个名叫史考

特的中级主管为中心。这个角色对于人际关系的认知毫无概念，而演员史提夫·卡尔（Steve Carrell）将史考特这个角色诠释得活灵活现：没有幽默感，对于周遭的人际关系异常迟钝，一点都不了解自己的能力在哪（如果有能力的话）。这部电视剧广受观众欢迎，现在仍以另一批新演员继续加拍续集中。这部戏受到广大观众欢迎，证明观众对这样的角色所知甚详，因为他们自己也都经历过。

世界上有无数个史考特。

很明显地，人生中的赢家和输家有什么不同之处，是千百年来一直在讨论的话题。我不是特别喜欢用“赢家”这个词，因为这很难认定，你要用什么标准去判定？有些人一直到生命结束时都是孑然一身，但这一生活得很精彩，还为无数人带来更正面的影响。“9·11”恐怖事件中，跳入火场中救人的大部分人或许都没赚大钱，但是从某些角度来看，他们为自己的朋友、同胞和纽约客付出了生命。

同样的道理，在重要的事情方面，许多亿万富翁的人生过得几乎没什么价值。

但我仍发现了一件事，人生过得非常有意义的人，根本不会像史考特那样，以为他们真的了解自己。他们知道自己哪里需要

帮忙，也知道自己哪里需要成长。对于自己的专业能力或潜力而言，他们极少做无谓的妄想（如果有妄想的话）。他们大多数对自己的专业能力极为谦逊。

不过，这个世上也有许多像史考特那样的人。我发现，他们对于自己的人生实在是误解得离谱：他们相信自己有某方面的才华，但其实没有；或者以为自己是某方面的专家，但其实不是；又或者以为自己有某方面的潜能，但其实也没有。他们硬是把自己放在不适合的位置，做着自己力不能及的事情，又偏要邀功。这就是《办公室》这部戏能引起如此广大共鸣的原因，因为我们都认识那个角色。而且，悲哀的是，我们当中有太多人就是为史考特工作。

简而言之，假如你对自己一无所知，你就无法在这世上有所作为，也无法找到自己的“一件大事”。撇开喜剧效果不谈，史考特之流从来都不肯花时间深入检视自己的内心。他们从不肯冷静下来，仔细检视自己的本来面目。

所以他们不会知道自己的“一件大事”，而只是在凡庸中随波逐流。

那你呢？有没有真正检视过自己，检视过自己所做的事？

最重要的是放下偏执，真正地倾听来自内心的声音。

第5章

你的“一件大事”是什么？

> 只要用一句话，就能概括一位伟人。
>
> ——鲁斯夫人（Clare Booth Luce）

9.检测你的方向

除非面对事实，否则你永远找不到自己。

——佩尔·贝莉（Pearl Bailey）

1924年，乔治·朗（George Lang）在匈牙利出生，后来移民美国。当时，他唯一能真正掌握的就是心怀希望，而且他有个宏伟的梦想：成为一名小提琴家——或者说，他是这么认为。二次大战期间，乔治·朗逃离劳改营，躲过一场可能的死劫。1946年，他带着一点钱逃往美国，尽管当时不太会说英语，但他唯一的梦想就是成为音乐会的小提琴演奏家。他一再苦练，一直朝着这个愿景迈进。但是，当他听到知名演奏家海菲兹（Jascha Heifetz）一场卓越非凡的小提琴音乐会后，他了解到自己的未来是在另一个不同的方向。

多年后接受电视采访时，他表示，那场音乐会就是一瞬间的启示。他意识到自己永远无法成为“像海菲兹那样的小提琴家”，于是他决定要变成“除了海菲兹以外的人物”。他转而发展餐饮业，一路往上爬，最后在纽约市经营一家备受赞誉的法国餐厅“艺术家咖啡馆”（Café Artistes）。在国际间享誉盛名后，他甚至成为备受尊崇的美食评论家与CBS新闻台的特派记者。

我喜欢乔治·朗接受采访时的坦率诚实。他知道自己几乎不可能达成原本的梦想，但是不因此放弃或更加忿忿不平地活在幻想中。他有勇气诚实面对自己的极限，而且怀有清楚明确的愿景，让自己在其他领域也能发挥影响力。

也许更多可能是，不管他有多么爱拉小提琴，他就是不愿意成为一般小提琴手或其他领域中的平凡人。他只愿意找到适合自己的位置，并且成为其中的佼佼者。

除非你开始以坦率诚实的角度检视自己的过去、现在和未来，否则将永远无法做出改变自己人生的决定。

接下来我们会谈到，如何倾听来自内心的声音，检测你的方向，找到真正属于自己的“一件大事”。

如果你问我人生中最重要的一件事是什么，我想没有什么比找到自己的方向更重要的了。有些人似乎生来就对人生某些事充满热情，擅长运动、成为社运人士、改变世界、分享信仰、写作等等。我一直以为他们只是运气好，拥有明确的人生愿景，有些甚至在孩提时代就已“受到感召”。然而，也有不少人曾经告诉我，他们没有那种热忱。有许多人还在努力寻找，他们都是诚恳的人，而且已经花了好几年不断寻找自己的人生目标。事实上极少有人很早就拥有明确的人生目标，绝大多数的成功者都是在不断地寻找中检测到自己应走的方向，而更多的人，却一辈子都没有朝着适合自己的方向前行过。

你为什么会在这里？为何出生在这世上？什么梦想能让你废寝忘食？不妨问问自己这些问题，你的方向或许就在这里。

找到对的位置

2001年，柯林斯（Jim Collins）出版了一本经典佳作《从优秀到卓越》。他有个非常棒的概念，就是把组织比喻成一辆公交车。实质上，总裁就是司机，为公交车规划一个要开往何处的愿景。但是他也要找到对的人来搭公交车，让不对的人下车，然后要让对的人坐到对的座位上。

这套说明真的是绝妙无比，而且这个比喻的要素，也就是在公交车上找到对的位置，正好切中人生“一件大事”的核心概念。我相信有不少人终其一生都没找到自己在这世上的一席之地。他们的工作不适合自己，向往着不适合自己的梦想，追寻着不适合自己的目标，因为他们没有准确评估出自己的性向。

他们的本意虽好，也拥有最好的动机，但是却相信谎言。他们没有真正了解到自己的本性，或不懂得如何将这样的认知运用在自己的优势上。因此，终其一生活在苦恼中，不断地在自我设限中碰壁。多年来我一直以为，自己胜任的角色其实完全不适合我。而且，直到我意识到自己真正的长处和弱点时，才终于放下那些让我苦恼、拖累我的事。

>> **正确了解自己的人格和本性，有助于了解自己在公司或团队中的位置，也有助于提升自己与他人的互动。仅此，就能改变自己的人生。**

硅谷有家软件公司是由某位好好先生带领的，我们暂且称他为“罗伯特”。罗伯特在科技界经验丰富，而且非常了解如何运营一家新公司。他工作勤奋，并且在创办新公司后，任命自己为总裁。

问题来了，他不是当总裁的料。

一般来说，在创造型企业的世界中，最优秀的领导者要富有魅力、善于交际；不但具有迷人的吸引力，而且会鼓舞人心，更别说还要有丰富的创造力。但罗伯特却完全相反。他讲究方法、有条不紊，比起规划愿景，他对细节更有兴趣。客户或投资者会带午餐前往公司和他开会，公司其他员工会带客户到厨房一起用餐、交谊互动，一起享受快乐时光。但罗伯特却静静地离开会议室，拿盘子装了食物，转个身踱步回到自己的办公室，把门关上。

的确，在科技界中，投资者想要投资表现杰出又有创意的企业，但他们也希望公司的领导者具有远见、富有魅力，而且是个相处起来让人感到愉快的领导者。

但是，从人格角度来看，罗伯特鲜少与潜在客户、顾客或投资者互动。因此，他的公司也从来没有真正获利，反而累积了巨额债务，也因为业绩日渐减少而不断缩减人事成本。由于他没有提出任何愿景，留下来的几名员工就只是得过且过，有些甚至盗用公款。不管这家公司研发出多少有创意的想法，大家就是不欣赏罗伯特打造的企业文化。

罗伯特并非无能，也不是坏人。事实上，他是个爱家的好男人，只是在公交车上坐错了位置。他渴望当总裁，因为公司是他创办的，以为这样就可以担任任何他想要的职位，但其实他更适合当营运长或经理。他不知道自己的性格限制了自己的做事能力。

值得注意的是，这不只需要才能、天赋、技能或企图心。罗伯特具备丰富的软件业知识，也带着最棒的企图心在工作上，但他的性格不适合担任总裁的角色，也因此对工作造成不良影响。优秀的员工也因为看不到公司的前景而越来越泄气，最终离他而去。

罗伯特拒绝认清的是，如果他愿意退一步，让真正有天赋、有远见的领导者坐上这辆公交车上那个特定的座位，他的公司便可以继续成长，而且营收也可能飙升。如此一来，罗伯特就可以将重心放在自己的“营运”天赋，而不是“领导”上。

把对的人放到对的位置上，这项工作也许会是影响你公司能否成长的重要因素。或许更重要的是，它也可能会是影响你能否进展到下一阶段的关键因素。

你认识多少跟罗伯特一样的人？不论是男是女，他们并非不好或不够格——只是因为坐错了位置。

做个性向测验如何？

探索你的“一件大事”虽然不能靠公式、智力测验或问卷调查，但越是了解自己的人格特质、本性、优点和缺点，就越有好处。

我工作了大半辈子才开始认真做性向测验。有个朋友介绍我做“DISC人格特质分析测验”，做完后真的改变了我看待自己人生的方式。我不是宣传任何特定的测验或心理分析，只不过DISC测验是我最熟悉的一种。

“DISC人格特质分析测验”包含一连串问题，借由测试词汇联想归纳出四种行为层面，并透过这些词汇联想的分析，建立四种人格特质，点出人格上的优缺点。

“DISC”是由四个词汇开头的第一个字母组成：

支配性（Dominance）：着重控制、权力与魄力。

影响性（Influence）：关于社会情况与沟通。

稳定性（Steadiness）：关于耐心、毅力与周全。

服从性（Conscientiousness）：关于架构和组织。

举例来说，如果你在D类型的分数较高，表示你有领导能力的优点。但分数若是过高，则暗指有跋扈的性格，对于身为领导者的你反而不利。I类型的分数较高，就是我们所说的“善于交际”，喜欢与人打交道，是说服力强的沟通者，也可能具备优秀的影响力。S类型分数较高者，表示你是个忠诚的雇员或团队成员。C则表示你有组织能力，细心谨慎。

我个人是属于I类型。我喜欢交际、与团队一起工作，而且喜欢带领别人做大案子。我一直知道这点，但是做过“DISC人格特质分析测验”后就更加确认了。这是我第一次了解自己的本性，而且意识到自己的优点和缺点并不是什么可耻的事，反而觉得庆幸。

往坏处想，这次测验也让我更确定，自己多年来一直不是个细心的人，也的确不是个忠实、稳定、会拼命工作、默默待在自己办公室的家伙。但悲哀的是，多年来，我为此感到罪恶，不断努力寻找某种技巧、软件程序、合适的笔记型电脑，寻找可以帮我处理杂乱无章生活细节的“某样东西”。

我讨厌记账，只看一眼报税单，就会让我紧张到休克。看看我的档案柜就知道了。

真是可悲。

做完DISC性向测验后，我了解到这些性格已经根深蒂固，是我无法改变的事实。于是我开始设法将更多重心放在我的优点，而不是弱点。

首先，我体会到领导学专家麦斯威尔的概念，少花时间纠结在自己的弱点。以我个人的情况来说，我一度对自己不善于记账感到苦恼，于是花了六个月专心研究记账。我觉得，身为中年男子，“至少”该有能力自己记账。

六个月后，我进步了许多——但是我发现，以满分十分来说，经过六个月苦练，我只是从一开始的一、两分进步到四、五分。我终于明白，如果要靠这项技能吃饭，没有人会愿意付钱找一个程度只有四、五分的人，而是会花钱找九、十分的人。于是我放弃记账了，把这件事交给会计做，然后开始将重心放在自己的长处。

性向测验让我放了自己一马，教会我欣赏自己的优点，不再一味担心自己的弱点。我只遗憾自己没有在二十几岁时就发现这个神奇的道理。我很想知道，若是在二十年前就懂得放自己一马、追寻最有信心的领域，我会不会更有收获、更有成就。

另一个典型的性向测验是“迈尔斯—布里格斯性格分类指标”（Myers-Briggs Type Indicator），简称MBTI，着重于如何做决定以及如何理解这个世界。我知道有许多人推崇这个指标，而它也的确是一套很棒的评估工具。这套评估工具将人格判别为十六种形态，各以四个字母组成，也就是四种人格倾向开头的第一个字母［虽然“直觉型”（intuition）并非由开头第一个字母代表，而是以字母N为缩写，但这是为了跟“内向型”

（introversion）有所区分］。

举例来说：

ESTJ：外向型（extroversion’E）

感觉型（sensing’S）

思考型（thinking’T）

判断型（judgment’J）

INFP：内向型（introversion’I）

直觉型（intuition’N）

情感型（feeling’F）

理解型（perception’P）

以此类推，可以组合出十六种不同的人格类型。更多相关资讯可以在“迈尔斯—布里格斯基金会”的网站www.myersbriggs.org上查询。

还有其他受欢迎的（也更简易的）测验方式，例如雷斯（Tom Rath）的性向测验系列，包括他的《如何秀出你的天才优势》（*Strengths Finder* 2.0）也提供读者一组电脑密码，可上网进行测验。巴金汉的《活用我的工作天才》也是这方面题材的佳作，可以让你利用网站、短片等其他有用的资源深入了解。

这两位作者帮你了解到，我们已经花了太多时间在克服弱点上，却没有花足够的时间发展自己的长项。会演说是很棒的技能，但如果那不是你的优点，就别再折腾了，而是要开始专心开发自己的才能。

下面，我将DISC人格特质分析测验放入书中，帮助你了解自己的个性，检测“一件大事”的方向。

DISC人格特质分析测验

一、DISC介绍

DISC是一种“人类行为语言”，其基础为美国心理学家威廉·莫尔顿·马斯顿博士（Dr. William Moulton Marston）在19世纪20年代的研究成果。每一个人的性格中都有D、I、S、C因子，四种因子所占百分比因时因地因人而有不同。这些性向因子以复杂的方式组合在一起，构成了每个人独特的性格。马斯顿博士发现行事风格类似的人会展示出类似的行为，这些复杂的行事风格都是可辨认、可观察的正常的人类行为，而这些行为也会表现为一个人处理事情的方式。

DISC性格特质分析是要帮助人们了解自己的性格特质，理解自己的行为方式，能够在性格、个人定位上有合适的协调，以应对不同的环境，能够与他人进行更好的交流与合作。

二、DISC性格测试题

在每一个大标题中的四个选择题中只选择一个最符合你自己的，并在英文字母后面做记号。一共40题。不能遗漏。

注意：请按第一印象最快的选择，如果不能确定，可回忆童年时的情况，或者以你最熟悉的人对你的评价来从中选择。

第1题

1. 富于冒险精神：愿意面对新事物并敢于下决心掌握

2. 适应力强：轻松自如适应任何环境

3. 生动：充满活力，表情生动，多手势

4. 善于分析：喜欢研究各部分之间的逻辑和正确的关系

第2题

1. 坚持不懈：要完成现有的事才能做新的事情

2. 喜好娱乐：开心，充满乐趣与幽默感

3. 善于说服：用逻辑和事实而不用威严和权力服人

4. 平和：在冲突中不受干扰，保持平静

第3题

1. 顺服：易接受他人的观点和喜好，不坚持己见

2. 自我牺牲：为他人利益愿意放弃个人意见

3. 善于社交：认为与人相处是好玩，而不是挑战或者商业机会

4. 意志坚定：决心以自己的方式做事

第4题

1. 使人认同：因人格魅力或性格使人认同

2. 体贴：关心别人的感受与需要

3. 竞争性：把一切当做竞赛，总是有强烈的赢的欲望

4. 自控性：控制自己的情感，极少流露

第5题

1. 使人振作：给他人清新振奋的刺激

2. 尊重他人：对人诚实尊重

3. 善于应变：对任何情况都能做出有效的反应

4. 含蓄：自我约束情绪

第6题

1. 生机勃勃：充满生命力与兴奋

2. 满足：容易接受任何情况与环境

3. 敏感：对周围的人事过分关心

4. 自立：独立性强，只依靠自己的能力、判断与才智

第7题

1. 计划者：先做详尽的计划，并严格按计划进行，不想改动

2. 耐性：不因延误而懊恼，冷静且能容忍

3. 积极：相信自己有转危为安的能力

4. 推动者：动用性格魅力鼓励别人参与

第8题

1. 肯定：自信，极少犹豫或者动摇

2. 无拘无束：不喜欢预先计划，或者被计划牵制

3. 羞涩：安静，不善于交谈

4. 有时间性：生活处事依靠时间表，不喜欢计划被人干扰

第9题

1. 迁就：改变自己以与他人协调，短时间内按他人要求行事

2. 井井有条：有系统有条理安排事情

3. 坦率：毫无保留，坦率发言

4. 乐观：令他人和自己相信任何事情都会好转

第10题

1. 强迫性：发号施令，强迫他人听从

2. 忠诚：一贯可靠，忠心不移，有时毫无根据地奉献

3. 有趣：风趣，幽默，把任何事物都能变成精彩的故事

4. 友善：不主动交谈，不爱争论

第11题

1. 勇敢：敢于冒险，无所畏惧

2. 体贴：待人得体，有耐心

3. 注意细节：观察入微，做事情有条不紊

4. 可爱：开心，与他人相处充满乐趣

第12题

1. 令人开心：充满活力，并将快乐传于他人

2. 文化修养：对艺术、学术特别爱好，如戏剧、交响乐

3. 自信：确信自己的个人能力

4. 贯彻始终：情绪平稳，做事情坚持不懈

第13题

1. 理想主义：以自己完美的标准来设想衡量新事物

2. 独立：自给自足，独立自信，不需要他人帮忙

3. 无攻击性：不说或者做可能引起别人不满和反对的事情

4. 富有激励：鼓励别人参与、加入，并把每件事情变得有趣

第14题

1. 感情外露：从不掩饰情感、喜好，交谈时常身不由己接触他人

2. 深沉：深刻并常常内省，对肤浅的交谈、消遣感到厌恶

3. 果断：有很快做出判断与结论的能力

4. 幽默：语气平和而有冷静的幽默感

第15题

1. 调解者：经常居中调节不同的意见，以避免双方的冲突
2. 音乐性：爱好参与并有较深的鉴赏能力，因音乐的艺术性，而不是因为表演的乐趣
3. 发起人：高效率的推动者，是他人的领导者，闲不住
4. 喜交朋友：喜欢周旋聚会中，善交新朋友，不把任何人当陌生人

第16题

1. 考虑周到：善解人意，帮助别人，能记住特别的日子
2. 执着：不达目的，誓不罢休
3. 多言：不断说话、讲笑话以娱乐他人，觉得应该避免沉默而带来的尴尬
4. 容忍：易接受别人的想法，认为不需要反对或改变他人

第17题

1. 聆听者：愿意听别人倾诉
2. 对自己的理想、朋友、工作都绝对忠实，有时甚至不需要理由
3. 领导者：天生的领导，不相信别人的能力能比上自己
4. 活力四射：充满活力，精力充沛

第18题

1. 知足：满足自己拥有的，很少羡慕别人

2. 首领：要求领导地位及别人跟随

3. 制图者：用图表数字来组织生活，解决问题

4. 惹人喜爱：人们注意的中心，令人喜欢

第19题

1. 完美主义者：对自己、对别人都高标准，一切事物有秩序

2. 和气：易相处，易说话，易让人接近

3. 勤劳：不停工作，完成任务，不愿意休息

4. 受欢迎：聚会时的灵魂人物，受欢迎的宾客

第20题

1. 跳跃性：充满活力，生气勃勃

2. 无畏：大胆前进，不怕冒险

3. 规范性：时时坚持自己的举止合乎认同的道德规范

4. 平衡：稳定，走中间路线

第21题

1. 乏味：死气沉沉，缺乏生气

2. 忸怩：躲避别人的注意力，在众人注意下不自然

3. 露骨：好表现，华而不实，声音大
4. 专横：喜命令支配，有时略显傲慢

第22题
1. 散漫：生活任性无秩序
2. 无同情心：不易理解别人的问题和麻烦
3. 缺乏热情：不易兴奋，经常感到好事难做
4. 不宽恕：不易宽恕和忘记别人对自己的伤害，易嫉妒

第23题
1. 保留：不愿意参与，尤其是当事情复杂时
2. 怨恨：把实际或者自己想象的别人的冒犯经常放在心中
3. 逆反：抗拒或者拒不接受别人的方法，固执己见
4. 唠叨：重复讲同一件事情或故事，忘记已经重复多次，总是不断找话题说话

第24题
1. 挑剔：坚持琐事细节，总喜欢挑不足
2. 胆小：经常感到强烈的担心，会焦虑、悲戚
3. 健忘：缺乏自我约束，导致健忘，不愿意回忆无趣的事情

4. 率直：直言不讳，直接表达自己的看法

第25题

1. 没耐性：难以忍受等待别人
2. 无安全感：感到担心且无自信心
3. 优柔寡断：很难下决定
4. 好插嘴：一个滔滔不绝的发言人，不是好听众，不注意别人的说话

第26题

1. 不受欢迎：由于强烈要求完美，而拒人千里
2. 不参与：不愿意加入，不参与，对别人生活不感兴趣
3. 难预测：时而兴奋，时而低落，或总是不兑现诺言
4. 缺同情心：很难当众表达对弱者或者受难者的情感

第27题

1. 固执：坚持照自己的意见行事，不听不同意见
2. 随性：做事情没有一贯性，随意做事情
3. 难于取悦：因为要求太高而使别人很难取悦
4. 行动迟缓：迟迟才行动，不易参与或者行动总是慢半拍

第28题

1. 平淡：平实淡漠，走中间路线，无高低之分，很少表露情感
2. 悲观：尽管期待最好但往往首先看到事物不利之处
3. 自负：自我评价高，认为自己是最好的人选
4. 放任：允许别人做他喜欢做的事情，为的是讨好别人，令别人鼓吹自己

第29题

1. 易怒：善变，孩子性格，易激动，过后马上就忘了
2. 无目标：不喜欢目标，也无意订目标
3. 好争论：易与人争吵，不管对何事都觉得自己是对的
4. 孤芳自赏：容易感到被疏离，经常没有安全感或担心别人不喜欢和自己相处

第30题

1. 天真：孩子般的单纯，不理解生命的真谛
2. 消极：往往看到事物的消极面、阴暗面，少有积极的态度
3. 鲁莽：充满自信、有胆识，但总是不恰当
4. 冷漠：漠不关心，得过且过

第31题

1. 担忧：时时感到不确定、焦虑、心烦
2. 不善交际：总喜欢挑人毛病，不被人喜欢
3. 工作狂：为了回报或者说成就感，而不是为了完美，因而设立雄伟目标不断工作，耻于休息
4. 喜获认同：需要旁人认同赞赏，像演员

第32题

1. 过分敏感：对事物过分反应，被人误解时感到被冒犯
2. 不圆滑老练：经常用冒犯或考虑不周的方式表达自己
3. 胆怯：遇到困难退缩
4. 喋喋不休：难以自控，滔滔不绝，不能倾听别人

第33题

1. 腼腆：事事不确定，对所做的事情缺乏信心
2. 生活紊乱：缺乏安排生活的能力
3. 跋扈：冲动的控制事物和别人，指挥他人
4. 抑郁：常常情绪低落

第34题

1. 缺乏毅力：反复无常，互相矛盾，情绪与行动不合逻辑

2. 内向：活在自己的世界里，思想和兴趣放在心里
3. 不容忍：不能忍受他人的观点、态度和做事的方式
4. 无异议：对很多事情漠不关心

第35题

1. 杂乱无章：生活环境无秩序，经常找不到东西
2. 情绪化：情绪不易高涨，感到不被欣赏时很容易低落
3. 喃喃自语：低声说话，不在乎说不清楚
4. 喜操纵：精明处事，操纵事情，使其对自己有利

第36题

1. 缓慢：行动思想均比较慢
2. 顽固：决心依自己的意愿行事，不易被说服
3. 好表现：要吸引人，需要自己成为被人注意的中心
4. 有戒心：不易相信，对语言背后的真正动机存在疑问

第37题

1. 孤僻：需要大量的时间独处，避开人群
2. 统治欲：毫不犹豫地表示自己的正确或控制能力
3. 懒惰：总是先估量事情要耗费多少精力，能不做最好
4. 大嗓门：说话声和笑声总盖过他人

第38题

1. 拖延：凡事起步慢，需要推动力

2. 多疑：凡事怀疑，不相信别人

3. 易怒：在行动不快或不能完成指定工作时易烦躁和发怒

4. 不专注：无法专心致志或者集中精力

第39题

1. 报复性：记恨并惩罚冒犯自己的人

2. 烦躁：喜新厌旧，不喜欢长时间做相同的事情

3. 勉强：不愿意参与或者投入

4. 轻率：因没有耐心，不经思考，草率行动

第40题

1. 妥协：为避免矛盾即使自己是对的也不惜放弃自己的立场

2. 好批评：不断地衡量和下判断，经常考虑提出反对意见

3. 狡猾：精明，总是有办法达到目的

4. 善变：像孩子般注意力短暂，需要各种变化，怕无聊

行为方式	D	I	S	C	行为方式	D	I	S	C
第1题	1	3	2	4	第21题	4	3	1	2
第2题	3	2	4	1	第22题	2	1	3	4
第3题	4	3	1	2	第23题	3	4	1	2
第4题	3	1	4	2	第24题	4	3	2	1
第5题	3	1	4	2	第25题	1	4	2	3
第6题	4	1	2	3	第26题	4	3	2	1
第7题	3	4	2	1	第27题	1	2	4	3
第8题	1	2	3	4	第28题	3	4	1	2
第9题	4	3	1	2	第29题	3	1	2	4
第10题	1	3	4	2	第30题	3	1	4	2
第11题	1	4	2	3	第31题	3	4	1	2
第12题	3	1	4	2	第32题	2	4	3	1
第13题	2	4	3	1	第33题	3	2	1	4
第14题	3	1	4	2	第34题	3	1	4	2
第15题	3	4	1	2	第35题	4	1	3	2
第16题	2	3	4	1	第36题	2	3	1	4
第17题	3	4	1	2	第37题	2	4	3	1
第18题	2	4	1	3	第38题	3	4	1	2
第19题	3	4	2	1	第39题	3	2	4	1
第20题	2	1	4	3	第40题	3	4	1	2

将以上的选择做一个统计，并记在括号内。

D-（ ） I-（ ） S-（ ） C-（ ）

得分最高则代表你属于这一类型，若两者同分，比如D、I同分，则选前者，多数人1-2种特质比较突出，少数人四种特质均衡。

三、性格分析

Dominance－支配型（指挥者）

人物代表：拿破仑

高D型特质的人可以称为“天生的领袖”。

描述性词语：积极进取、争强好胜、强势、爱追根究底、直截了当、主动的开拓者、坚持意见、自信、直率。

在人际关系方面，D型人喜欢为别人做主，虽然这样能够帮助别人做出选择，但也容易让人有强迫感。由于关注自己的目标，D型人在乎的是别人的可利用价值。喜欢控制别人，不会说对不起。

在情感方面，D型人是一个坚定果敢的人，酷爱变化，喜欢控制，干劲十足，独立自主，超级自信。可是，由于比较不会顾及别人的感受，所以显得粗鲁、霸道、没有耐心、穷追不舍、不会放松。D型人不习惯与别人进行感情上的交流，不会恭维人，不喜欢眼泪，匮乏同情心。

在工作方面，D型人是一个务实和讲究效率的人，目标明确、眼光全面、组织力强、行动迅速、解决问题不过夜、果敢坚持到底，在反对声中成长。但是，因为过于强调结果，D型人往往容易忽视细节，处理问题不够细致。爱管人、喜欢支使他人的特点使得D型人能够带动团队进步，但也容易激起同事的反感。

Influence－影响型（社交者）

人物代表：猫王

高I型的人通常是较为活泼的团队活动组织者。

描述性词语：有影响力、有说服力、友好、善于言辞、健谈、乐观积极、善于交际。

在人际关系方面，I型人容易交上朋友，朋友也多。关爱朋友，也被朋友称赞。爱当主角，爱受欢迎喜欢控制谈话内容。可是，喜欢即兴表演的特点使得I型人常常不能仔细理解别人，而且健忘多变。

在情感方面，I型人是一个情感丰富而外露的人，由于性格活跃、爱说、爱讲故事、幽默，能抓住听众，常常是聚会的中心人物。是一个天才的演员，天真无邪，热情诚挚，喜欢送礼和接受礼物，看重人缘。情绪化的特点使得I型人容易兴奋，喜欢吹牛、说大话，天真，永远长不大，富有喜剧色彩。但是，似乎也很容易生气，爱抱怨，大嗓门，不成熟。

在工作方面，I型人是一个热情的推动者，总有新主意，说干就干，能够鼓励和带领他人一起积极投入工作。可是，I型人似乎总是情绪决定一切，想哪儿说哪儿，而且说得多干得少，遇到困难容易失去信心，杂乱无章，做事不彻底，爱走神儿，爱找借口。喜欢轻松友好的环境，非常害怕被拒绝。

Steadiness – 稳定型（支持者）

人物代表：甘地

高S型的人通常较为平和，知足常乐，不愿意主动前进。

描述性词语：可靠、深思熟虑、亲切友好、有毅力、坚持不懈、善倾听者、全面周到、自制力强。

在人际关系方面，S型是一个容易相处的人，喜欢观察人、琢磨人，乐于倾听，愿意支持。可是，由于不以为然，S型也可能显得漠不关心，或者嘲讽别人。

在情感方面，S型人是一个温和主义者，悠闲，平和，有耐心，感情内藏，待人和蔼，乐于倾听，遇事冷静，随遇而安。S型喜欢使用一句口头禅：“不过如此。”这个特点使得S型总是缺乏热情，不愿改变。

在工作方面，S型能够按部就班地管理事务，胜任工作并能够持之以恒。奉行中庸之道，平和可亲，一方面习惯于避免冲突，另一方面也能处变不惊。但是，S型似乎总是慢吞吞的，很难被鼓动，懒惰，马虎，得过且过。由于害怕承担风险和责任，宁愿站在一边旁观。很多时候，S型总是少有主意，有话不说，或折中处理。

Compliance – 完美型（服从者）

人物代表：《星际迷航》的史巴克船长

高C型的人通常是喜欢追求完美的专业型人才。

描述性词语：遵从、仔细、有条不紊、严谨、准确、完美主义者、逻辑性强。

在人际关系方面，C型人一方面在寻找理想伙伴，另一方面却交友谨慎。能够深切地关怀他人，善于倾听抱怨，帮助别人解决困难。但是，C型人似乎始终有一种不安全感，以至于感情内向，退缩，怀疑别人，喜欢批评人事，却不喜欢别人的反对。

在情感方面，C型人是一个性格深沉的人，严肃认真，目的性强，善于分析，愿意思考人生与工作的意义，喜欢美丽，对他人敏感，理想主义。但是，C型人总是习惯于记住负面的东西，容易情绪低落，过分自我反省，自我贬低，离群索居，有忧郁症倾向。

在工作方面，C型人是一个完美主义者，高标准，计划性强，注重细节，讲究条理，整洁，能够发现问题并制订解决问题的办法，喜欢图表和清单，坚持己见，善始善终。但是，C型人也很可能是一个优柔寡断的人，习惯于收集信息资料和做分析，却很难投入到实际运作的工作中来。容易自我否定，因此需要别人的认同。同时，也习惯于挑剔别人，不能忍受别人的工作做不好。

了解自己的性向就够了吗?

发掘自己人格特质的好处多到数不完。就我个人来说，它让我卸下沉重的罪恶感，也帮助我为自己的人生目标释放出优点，这真是美妙的领悟。

但这样就够了吗?

其实，我发现人生目标的理解方式已经有变化的趋势。上世纪五六十年代，大家都把重心放在“角色”，重点在于把人放在对的“职务”。在那个年代，人们用测验决定你能不能成为好的经理、销售员或教师。我母亲大学毕业后不久就做了一次性向测验，测验结果说她适合当秘书。也不管在其他方面是否有潜能或热忱，她顺从地到当地一家二手车厂应征秘书职务，然后在那儿待了几年。

现在的趋势则是人格，有些人则称为“本性”。目标是了解自己人格特质的核心，探索思考型、判断型、直觉型、支配型、内向型或外向型等关键领域。

尽量多了解自己的长处与人格类型，非常重要。但是，若想回答关于“一件大事”这方面更重要的问题，这是不够的。

让个人找到“一件大事”的重点不在于角色，尽管这会影响你毕生的工作、计划或任务；重点也不在于人格，尽管人格会对你的抉择造成巨大影响。

10.找出你的“一件大事”

你可能每天都在进步，而且每走一步都是成果。但眼前的路越来越长，上坡不断，只能不断往上爬，你知道这趟旅程永远走不完。尽管一路上阻碍重重，但每一次攀越都能增添喜悦与荣耀。

——丘吉尔

你的“一件大事”，其实就是生来要完成的探索，也是吸引目光的关键；或者说，让你的声音被听见。这不是指某个特定工作或人格类型，而是你的人生目标。当然，这很难界定清楚，因为你的人生目标也“可能”是某个特定工作。无论如何，我把“一件大事”看成是一种包罗万象的目标，而且可以用许多不同的方式来实现。

尽管我制作电视节目和电影，写书，应邀到研讨会进行演说，写博客，并且和各种不同类型的客户进行谘商，但我的“一件大事”就是帮助人们和组织更有效结合自己的文化。不管是用什么方式去实践，我都已做好多方尝试的准备。

不管你的“一件大事”是什么，都是要让你变得独一无二的事。在《不鸟任何人！》（*Ignore Everybody*）中，漫画家麦克李奥（Hugh MacLeod）是这么说的：“毕加索的画，看起来一直都像是毕加索画的；海明威的话，听起来永远都像是海明威说的；贝多芬的交响乐，听起来永远像是贝多芬的交响乐。想成为大师，就要学会如何用自己的声音唱歌，而不是别人的。”

那你的声音是什么？

对麦克李奥来说，就是发现名片背面可以画漫画的那一刻。而且，那不只是一种形式或平台。说到底，那就是属于自己的天职、声音和目标。

就算“绝望网站”上的文字都是说着玩的，但是在一个人人都会被替换的世界，你还是要脱颖而出。20世纪初，工会扮演着不可或缺的角色，协助劳工向公司行号发出同一种声音。工会协助打造更安全的煤矿坑，带动更优质的职场规范，建立更高的薪资和福利标准。但如今，工会正在衰退，因为工会化的另一面就是发展出可替换的劳工。

现今的经济情况有无数可替换的劳工，因此，我们需要的是能脱颖而出的人。

能吸引目光的人。能成就非凡的人。

于是，新的问题来了，你独一无二的声音是什么？你的人生目标是什么？你来到这世上要完成什么非凡的成就？

只有你才能回答这个问题，而且答案就是成功的关键。不管你的梦想是什么——写书、拍电影、制作电视节目、网络生意、非营利机构、零售店、学术生涯、音乐、表演——探索你的“一件大事”就是让梦想吸引目光的关键。

> 假如不喜欢自己的工作，不做真正的自己，那么，你简直是在浪费人生。这不只是从时间的角度，也是从活力的角度来看。支配你在人生中做出重要决定的人——比如住在哪里、交哪些朋友——绝大部分是你自己。假如不能在工作中活出生命的意义，你就不算真正地活着。
>
> ——巴瑞兹布朗（Chris Barez-Brown）

探索“一件大事”，并没有简单无比的公式让你遵循，也没有一连串的复选框供你勾选；但是，假如你能问对问题，就可以开始逐一揭晓答案。从这一刻起，放慢脚步，慢慢来，然后开始沉思。一开始看起来似乎非常简单，但每一个问题对你的未来都极为重要。

问题一：什么事你做起来轻而易举？

或许每个人都有独特的风格，但是，就拿个人组织能力来说，我觉得我妻子凯瑟琳是个杂乱无章的人。当然，她不会同意我这么说，但她的电脑桌就是堆满了文件，书桌就像博物馆，摆满了小饰品、纸镇、收据、通知单等。书桌旁边甚至还放着一张古董圆桌，上面堆满了一沓沓的文件。假如我胆敢问她知不知道某样东西放在哪里，她就会对我嚷嚷说，只要是她需要的东西，她都知道放在哪儿。然后，她会要求我离开房间，接下来的三个小时，她会一直在房间里寻找弄丢的收据。

这就是“典型的创意人”。

不过，在规划并组织某些“重要”事情——比如会议、婚礼、音乐会或其他活动——她就做得有声有色。她能规划时程、带领团队、激励义工、在期限内完成工作，还有那些会把我搞疯的事情，她都能圆满完成。

她一直都知道自己有这方面的优势，因此，也总是能接到请她帮忙规划活动的电话。我们刚结婚时，她在俄克拉何马州担任小学老师。不久，她的组织才华就在整个学区传了开来，于是当地高中请她帮忙重新设计拉拉队和舞蹈团的节目。她开始参与规划工作一年内，就让舞蹈团变成一支屡获殊荣的生力军。

多年后，孩子在伯班克高中参加舞动合唱团，我们则担任亲友团联合主席。我负责交际应酬，她负责组织规划（我觉得我们真是完美的组合）。她再次协助四组合唱团和好几百名学生规划节目，并协助伯班克高中创办基金会，使其成为全国最重要的舞动合唱团之一。后来，广受好评的电视连续剧《欢乐合唱团》，基本上有一部分是根据伯班克合唱团的故事改编的。

她也曾参与主持“拜欧拉媒体会议”多年，这是当时全国规模最大、针对在好莱坞工作的信徒所举办的聚会。每年春季于CBS制片厂举行，在鼓舞人们借由媒体和娱乐事业影响文化这方面，形成了一股重要力量。

最重要的是，凯瑟琳一直都擅长规划团体活动。相较于其他人，只要是工程浩大的工作，对她来说反而更轻而易举，因为这是她与生俱来的，也就是所谓“轻而易举的事”。讽刺的是，她仍然许多年一直苦恼自己的人生目标在哪里，但其实就近在眼前。

问题来了——哪些事情对你来说轻而易举？所谓的“轻而易举”，并不像字面所说的轻松容易，而是像凯瑟琳那样天生擅长某件事，你“就是会这件事”，而且就是靠这件事吃饭。

我讨厌写作，但我喜爱写完时的感觉。

——帕克（Dorothy Parker）

同样的道理，写作对我来说就是轻而易举的事。并不是说认真写作的历程不折磨人，只是目前对我来说，写作并不是件苦差事。而且事实上，尤其是在写广告文案、电视广告词、宣传文字等其他企划案时，我可以一坐下便信手拈来，换做其他人可能还要苦思一阵。我没办法解释为什么会这样，但我确实有这本领。就算当下觉得困难重重，我还是很爱做这方面的工作，尤其是完成后的成就感。

想想你的人生，有多少次被要求做某些事，只因为你是最有条不紊的那位、体格最健壮、写得最好或最有耐心？或许你最负责任，一起逛商场时总是会注意大家不要走散；也或许你是那种大家一遇到困难都会向你求助的人。

回想一下，当你参与同学会筹备小组、教会活动、学校方案，或是在职场上，你就是会自然而然受到某方面工作的吸引。有时候，甚至因为比其他人更能轻易完成这方面的工作、计划或挑战而建立起声誉。

我们只是经常忽略这些赞美，但其实这些都可能是让我们在未来找到天职的关键。

从今天开始，思考人生当中有什么事让你觉得轻而易举的吧！就如同我之前提到的，并不是不需要努力或经历辛苦的过程，只是你会自然而然、想都不用想就能做得比其他大部分人都要好。

不一定是某个角色或某个工作，当然也可能是，比如说，教练、写作、管理企划案、教课或拥有精湛厨艺。

然而，对大部分人或多数例子来说，这件“事”是一种能力、技能，是上天赐予你处理某些事情的才能，却是其他人觉得棘手的。这种才能有时范围很广，不一定只能运用在一种工作上，而是可以用在许多领域。例如神秘的感应力，可以感觉到其他人受到伤害，拥有鼓舞他人面对困境的本事，或是领导才华。

不要瞎猜，也不要仓促下决定。慢慢来，好好想想各种可能性。

从赞美中找答案

一直有人请凯瑟琳规划组织企划案和活动，是因为看到了她的成就。在外人的眼中，她的才华受到肯定。

你曾做过哪些事受人瞩目？什么事能让你受到朋友和同事的肯定、鼓励和夸奖？一般来说，人们都是严以待人，所以当你得到一句赞美时——尤其是从意想不到的人那里听到——就该注意了，因为这可能就是指引你通往“一件大事”的方向。

外来的鼓励不只是鼓励，而是认可你的长处。最近我在好莱坞遇到一位演员，他有热忱，也很努力，目标就是要成为优秀的演员。但我的这位新朋友有个任何人一眼就能看出来的问题：他的演技真的很糟。我看了他在几个低预算影片和广告中的表现，就算不是专家也看得出来，他没有演技又没什么天分，而且反应迟钝。

问题是，演戏是他从高中以来一直想做的事。十年前，他离开中西部，搬到好莱坞，只为了追求梦想。他不愿找一份全职工作，这样才有更多时间参加试镜。因此，他住在物价低廉却治安不佳的小区，领食物券生活。他一心一意追求梦想，代价却是家庭破碎。妻子不堪经济压力，带着儿子回老家去了。

但在他眼里却以为这是追求梦想时本来就会遇到的连带损失。

他的才华没有受到肯定，是因为他根本没有才华。但他还是继续追求，因为他不愿诚实面对自己的能力；或者说，面对自己毫无能力的事实。

这听上去有些自欺欺人，但事实上这样的人很多。对于那些始终在追逐一些事情，却一直得不到回应的人，我的建议是：重新出发，去找真正属于你的“一件大事”。

有许多事是我喜欢做的，但我就是没有那方面的才华，所以我不会认真思考这些事有没有可能是我的“一件大事”。留意外人和同侪对你的天赋和能力的认可，是在探索“一件大事”这一路上的重要指标。

从批评中找出路

外来的“肯定”虽是好事，但外来的“批评”也需要谨慎对待。我的建议是，在不清楚对方是谁、是否有资格评论时，要仔细衡量任何外来的影响。尽管写作老师、企业指导师或经验丰富的朋友所给的意见该听，也该照做，但要记住的是，同事和家人的意见有时是出于嫉妒或无知。假如你的写作老师建议，先继续白天的工作，直到写作能力进步再说，那是值得听的意见。

但假如你的邻居批评你的决定，因为她认为你需要一个“真正的”工作，那你还是要继续追求你的梦想。

许多梦想之所以被埋没，是因为误听别人的意见。就拿我的梦想或事业来说，有些朋友的意见和忠告我会重视，但有些朋友的话（我同样爱他们）我就不会听。

要了解其中的差别。

花点时间谈谈怎么应付外来的批评是值得的，因为批评可能轻易就阻碍了你对“一件大事”的探索。以下是几点重要的提示：

1.接受。

不要辩护也不要反击，听从并学习。有些批评可能是完全荒谬的，但有时最糟的批评偶尔还是会掺杂着一丝丝真理。我的意见是，我们一直都在学习和成长，所以面对批评时，不要太快拒之门外。

我认识一位宗教领袖，早年曾被一位好友伤害，所以决定将所有批评拒之门外。他不看报纸上有关自己的报道，也不听外面的人怎么说他，更不准其他职员批评他的想法。多年来，他的世界越来越小，如今活在自己打造的幻影中。他从来不听宝贵有益的批评，最后生活和事业都受到阻碍。

尽管你会认为有些批评并不公平（可能真的很不公平），但是要接受。听听批评并看看有没有什么值得改变的。

2.温和解释你的行为。

我的电脑桌面是一句柏拉图名言：“待人要仁慈，因为你遇到的每一个人都在打一场硬战。”有时候我们会把事情搞砸，不知道对方经历过什么就妄下批判。另一方面，批评你的人也未必知道你行为背后的每件事。所以，不要抱着防卫的态度，而是要为自己解释。这也不是在为批评找理由或辩解，而是告知批评者你在想什么。在许多情况下，当对方了解你的动机后，批评的声浪也就跟着停止了。

为什么要向批评者解释，这对我们发现自己的天赋有何意义？解释不是为了向对方说明什么，而只是为了平和我们自己的心态。

这世上有太多人没察觉到，在外人眼中，自己的天赋是受到肯定的，但只因他们面对批评时如此过度敏感，因此，他们会反应过度，对每件事都抱着防卫的态度。我真的觉得有些人一辈子都在提防着别人。而这，是他们发现自己天赋的一大障碍，因为他们会被反击蒙蔽心智，也会因为对批评过度在意而忽略掉自己的天赋潜能。

别耿耿于怀了，这不是你的问题。拿出信心，接受赞美，同样也接受批评。这么做可以完全改变其他人对你的看法，也能助你发现自己的潜能。

>> 对许多人来说，接受赞美就跟接受批评一样具有挑战性。

在某些活动演讲时，我常遇到听众向我倾诉心情，这令我感到十分讶异。比如在签书会时，有人走上前来热泪盈眶地说，我的某本书对他的人生带来重大影响。有些人读过我的书之后，找到了勇气，离开毫无出路的工作，展开新的事业。这些都是改变人生的故事。

这种情况第一次发生时，我觉得有些尴尬，不敢接受这样的恭维。后来我领悟到，对方其实只是想分享自己的故事，如果我不接受他的赞美，就是在轻视他的感受。坦白说，我写的东西能让某些人受到这方面影响，还是会觉得有点难为情，但读者对我的鼓励让我倍感荣幸，所以我也要接受他们的赞美，让他们也倍感荣幸，一起享受当下这一刻。偶尔也让别人拍拍你的背，他们需要说的和你需要听的一样多。

有些人最大的敌人就是他们自己。他们从不接受任何鼓励，不论是出于尴尬或难为情，就是不让别人夸奖自己。

一旦学会同样适当地响应批评与赞美，你会更有资格客观评估别人的认可。这一点非常重要，因为外来的认可是继续探索人生“一件大事”的关键一步。

问题二：什么事让你着迷并快乐?

探索“一件大事”这条旅程上的另一个重要路标，就是发掘你喜爱的任务、工作、目标或事业。有些人认为这种想法很可笑，因为对他们来说，工作就是工作，如此而已。他们永远不会觉得工作是可以尽情享受的，不需要去喜欢，那只是为了收入所做的事而已，喜欢做的事是“下班后”的事。然而，最有效率、最多才多艺且最有成就感的人，都是因为找到了喜爱的工作，而且做得出类拔萃。

> 我很幸运——因为在我的人生当中，很早就找到了自己喜爱做的事。
>
> ——乔布斯

想找出自己是否真正喜爱某件事的最佳测试方法之一，就是愿不愿意不计报酬做这件事。你会不会因为喜爱做某件事，以至于愿意另外找份工作好维持生计？让我们面对现实吧！有多少税务会计师会喜爱这份工作，喜爱到可以分文不取，然后到星巴克另外找份工作只是为了维持生计？（如果你刚好是个税务会计师，而且热爱自己的工作，那我道歉。）

说实话，我知道我的会计喜爱他的工作，因为他的分析能力强又喜欢数字，而且这些天赋能让他赚钱买房子、旅游度假，组成一个幸福美满的家庭，为此他心存感激。从我的角度来看（以一个创意人的角度），光是看到报税表就足够让我胆战心惊了，但这就是发掘“一件大事”的奇迹——把你的个人天赋、热忱和目标表现得淋漓尽致。

我看到许多成功的管理者，借由从事非营利和慈善事业活出自己的热情。他们工作是为了赚钱——而且往往讨厌自己的工作——但现在他们有机会协助一件有价值的伟大事业，并且因此找到成就感。变得有钱是很棒的事，但许多有钱人虽然富裕，内心却感到苦恼。

另一方面，我也知道有些人会奉献自己的一生，在第三世界工作。他们过着缺乏物质的生活，但每天早上都迫不及待起床，追求自己热爱的梦想。

当然，他们也会遇到各种挑战，对自己的工作怀抱热情不代表就没有压力。我相信德蕾莎修女在加尔各答环境恶劣的贫民窟服务时，好几次也想过是否要放弃，就此撒手不管。但是，因为她对印度弃儿和麻风病患的博爱，激发她继续走下去，而她的人生和理想也改变了世界上无数的人。

>> 问题来了——倘若能找到这两个路标的交会点，既能赚钱又能满足你的热情，那会如何?

有许多人不计酬劳做自己喜爱的事，另外找工作维持生计。那么，假如你能结合这两者呢？假如你能做自己喜爱的工作又能维持生计呢？想想看，在整个职场世界中，也只有极少数人正在做自己真正热爱的工作。

以下几个关键问题不但能帮助你找到喜爱的事，又能赚钱维持生计。

你愿意冒什么险?

根据年龄和情况而定，你可能必须对自己的人生做些重大改变。为了改变人生，你愿意精简自己的生活方式一段时间吗？在许多情况下，其实你可以从喜爱做的事当中赚“更多”钱，而且只要是喜爱的事，金钱就不是唯一的重点。每个人都会“谈论”追求梦想这件事，但只有极少数人愿意去冒险，实现梦想。

我曾碰过最令人难过的其中一个情况是，有些人为了赚更多钱，拿自己的梦想去交换。我知道人生就如四季交替，有起有落，比如要让孩子上大学，或是支付其他大笔开销，尤其是单亲妈妈的情况最为艰困。但问题是，这些工作仿佛一碰上就永远摆脱不了。

大学时，我和一个朋友修习的电影课程全都一样，目标也一样，就是要从事娱乐媒体业，还要一起到好莱坞打天下。毕业后，我前往洛杉矶，他决定先“暂时”到一家保险公司工作，偿还一些贷款。几个月过去了，然后是几年过去了。期间我也曾打电话找他，问他什么时候要离开保险公司，但他总是有留下的理由，例如加薪、升迁、获得表扬。

猜猜现在他怎样了？到今天，他还在卖保险。他的人生精华时期都在做一份自己不怎么喜欢的工作，只因想赚更多钱。每一次通电话和电邮时，我都明显感受到他的遗憾。他就是拿自己的梦想去换取更丰厚的收入。

但愿。这是世上最令人难过的两个字。

——莱基（Mercedes Lackey）

我有个律师朋友是大企业的代表律师，他的事业极为成功。但是为了追求国际社会公义的梦想，他正在精简自己的生活。显而易见，在美国最有成就的公司担任代表律师所赚的钱，比担任东欧性交易人口贩卖受害者的代表律师赚得多。收入也许不一样，但这是他个人职业生涯中最有热情和成就感的时候。

安于现状可说是人生梦想的最大敌人。所以，决定要冒什么险，有助于你判断要负起多少责任。

别以为这样就结束了。记住，也是有许多人做喜爱的事而收入丰厚的。不管是制作电影、写作、表演、金融业、教练等——他们不但找到热情，而且也能赚钱。但要记住的是，可能要花几年时间才能达到赚钱的目标。我们都知道，成功的作家一开始可能会穷到没饭吃，或者“美国大学体育协会”（NCAA）的全国冠军教练，也是从在老是输球的高中当助教开始。

问题来了——你愿意冒什么样的险？能支撑多久？

找出你的执着

你对什么痴迷？我说的不是那种造成心理失衡的鬼迷心窍。（嗯，也可能是吧！）换句话说，你会不断想到什么？你会买哪种类型书籍或看哪种电视节目？早上醒来时，你会先想到什么事？而晚上就寝前，最后一件想到的是什么？

>> 有些人活了一辈子，实际的工作却一直跟自己执着的事毫无关联。

多年来，我和许多位牧师合作，帮他们建立媒体平台，将信息传达到全世界。在许多情况下，牧师从来不会思考“一件大事”这种观念，因为典型的教会领袖要处理一连串各种不同的问题。大部分牧师布道的主题极为广泛，同时还要帮新人证婚、主持葬礼、管理教堂，也要为苦恼的教徒进行谘商、教课、监督等。

专心于一件事——尤其是“一件大事”——对牧师来说，可能是有生以来所面对的最困难的挑战。

在教会运用各种不同的主题讲道是没问题的，但是当牧师想写书、成为客座演说家、筹划研究丛书或制作媒体节目时，就必须“专心一意”。就拿要让当地教会“以外”的人注意到他们传达的信息来说，我想请教牧师的一些问题是：什么事能真正激发你的动力？什么样的主题会让你如此热爱，并可能让你成为全世界最了解这方面议题的其中一位？

或许这样说更有画面：“假如我拿枪指着你的头，告诉你接下来这辈子只能以一种主题写作或布道，你会选择哪种主题？”

> 放心好了，阁下。知道自己在两周内会被处以绞刑的人，会出奇地专心一致。
>
> ——约翰逊（Samuel Johnson）

这是所有人都必须回答的问题，不论是律师、总裁、教师、制片、作家、商业领袖、房地产经纪人、推销专家：“假如我拿枪指着你的头说，这辈子接下来只能做一件事，那会是什么事？”

这个问题就像是过滤器。换句话说，牧师没必要停止用各式各样的题材布道，制片没必要停止为自己痴迷的各种题材制作电影，商业领袖没必要停止买卖或带领不同类型的公司。只不过，探索自己的热情或执着（也就是你的“一件大事”）会变成一种过滤器，可以帮你过滤其他每一件事。

海福德（Jack Hayford）曾是我们全家人的牧师，他在加州凡奈斯市的“道上教会”（Church on the Way）担任牧师二十多年，一直到退休离开教会、前往国王大学任职为止。那些年，我从他那里听到的布道题材应有尽有，只要是你能想到的——经文、圣经故事、家庭问题、国际事件等——我可能已经从他那里听到近一千个信息了。只要听他讲道，没多久就能发现他真正的热情在于赞美主。他写的书都是关于这个主题，还创作了一百多首赞美主的诗歌。这些年来，他更是在主日崇拜时，一面讲道一面带领教堂会众赞美主。

最重要的是，不管是布道、写书或作曲，海福德都是透过“赞美主”的镜头。于是，“赞美主”这件事就发挥了过滤器的功能，过滤他要做的每件事。因此，不管他的布道主题为何——比如戴维斩杀巨人歌利亚的圣经故事、耶稣死而复生、向穷人与需要帮助的人伸出援手、《圣经》中说到关于家庭的事——都是从“赞美主”的角度去看待。

了解这个原理就能改变一切，因为海福德对赞美主的热情，让他自己讲授的教义突破重围，引起大家的注意。他对“赞美主”这项主题的专业知识、深刻的见解和热情，让自己扬名于世，也影响了无数人的人生。

尽管海福德精彩的布道内容涵盖各式各样的题材与议题——

而且这一切也为他个人带来帮助——但是他留给世人的，不会是圣经预言的教义，也不会是教会的管理之道或教旨，而是引导当今教会赞美主，这让世人铭记于心。

就以“一件大事”来说，海福德已经找到了。确认并懂得如何追随，这些都是领悟出“一件大事”的重要步骤。

你的过滤器是社会正义吗？那么，你可以写书、参加研讨会的演说、制作电影等，透过社会正义的镜头过滤这些工作。

盖伊·川崎是苹果电脑早期的员工之一，但是没多久，他带着对麦金塔电脑的热情投入其他领域。川崎的过滤器就是“赋予他人力量”，而且是借由个人对话、博客、写书、公开演讲等方式。“一件大事”并没有限制住他，事实上反而让他扩大了自己的影响力，用他独特的信息接触到更多人。

不过，等等——还有很多人也都擅长“赋予他人力量”。那么，是什么让川崎传达的信息独一无二？

川崎在苹果公司的背景、早期担任麦金塔电脑软件布道师的经验、富有魅力的人格、对世界旅行和心灵等议题的观点、热爱探索、写作天赋等，都有助于他养成赋予他人力量的特质。有许多人可能擅长激励或鼓励，但没有其他人的做法跟川崎一模一样，这也就是为什么大家会如此热切期待看到他的书、听他演讲、从他传达的信息中学习。

重点在于了解价值

把追求热忱当成工作，就表示你已开始不计酬劳工作了。我妻子凯瑟琳曾为洛杉矶拜欧拉大学的电影系学生管理实习计划，她的工作是帮助年轻学子在好莱坞一流电影制片厂、制片公司或电视网联播公司找到实习工作。在与顶尖教职员一起合作下，这项实习计划普遍受到尊重与赞誉。由于学生资质优秀，实习计划也吸引了不少制片厂前来洽询，让她应接不暇。

这些学生愿意不支薪工作，因为他们经验不多，技能有限，在这行业算是新手。因此，他们愿意接受只有三明治或咖啡的报酬，也愿意做影印剧本的工作，只为了挤进一流制片厂的大门。令人欣慰的是，有不少无偿的实习工作最后都转为正职，确实为他们开启了进入业界的大门。

为了追求热爱的工作，你可能愿意考虑先从不支薪的实习生做起。如果你是个大学生，工作经验和知识都有限，我认为这是个明智的选择。但如果你是资历较老的上班族，或许可以在空闲时间协助更资深的前辈，为你在不同的业界敞开不同的视野。

为角色做主

一旦你做好决定，朝“一件大事”迈进，就要立即思考自己的角色。如果你决定追随自己的热情，当一名小说家，那就开始称自己为小说家吧！不管你决定要做什么——企业家、糕点师傅、制片、导演、足球教练、程序设计师、建筑师——为角色做主，开始用角色的名称来称呼自己吧！

假如连“你”都不认为自己是作家、教练、厨师或设计师，别人也就不会这么认为。由“你”来支配自己的角色名称，为自己的梦想制定时间表；就算没有因此赚到一毛钱，也没有办公桌、办公室或名片，你还是要“当起这个角色”。为梦想做主，不要因为不符合朋友或同事的期待就觉得难为情。

名称很重要，用角色名称来称呼自己，不仅能为自己，也能为潜在的投资者、支持者或赞助者注入信心。你可能还没出版小说，但只要你开始动笔，你就是小说家。对制片、艺术家或商人也一样。你目前拥有的可能只是梦想，但如果你想要往前迈进，踏出实现梦想的具体步伐，就必须为自己的梦想做主。

梦想与工作真的能结合吗?

有些人——尤其艺术家——其实是看不惯有人把热情和平日

赚钱的正职工作扯上关系的。他们的理论是，不应该把艺术和工作混为一谈，因为这样两边的效果都会削弱（尤其是刚开始那段时间）。举例来说，有些人建议，如果你想成为小说家，白天的正职就别找广告文案工作。他们相信，一天工作下来，写了一整天文案，回到家已肠枯思竭，最不想做的事就是写小说。

工作内容跟梦想之间的距离差得越远越好，这就是他们要维持目标的思考路线。煎了一整天的汉堡或卖了一整天的保单，回到家后一定厌倦了白天的工作，这样才能投入真正热爱的事情。同样的道理，身为艺术家，若是梦想成为真正的人像画师，白天就不该从事平面设计的正职。

我想，这种想法在某方面是有道理的，但是真的要看个人的问题和情况而定。我曾和多位电视广告导演合作，他们一开始的梦想是执导专题影片，但后来也开始喜欢执导广告影片所带来的财富与殊荣，于是执导专题影片的梦想终究被永远搁置了。不管对与错，这都是他们必须为自己所做的抉择。

我也认识极有天分的艺术家从事平面广告设计，在职场中一步步往上爬之际，却忘了原本的艺术梦想。他们太专注于争取奖项和吸引广告客户的注意，忙了一整天下来，已没有多少时间和精力打造自己的艺术梦想。

另一方面，有许多天赋异禀的艺术家能结合两者，成为国际知名且屡获殊荣的平面或产品设计师、工业设计师。举个完美的例子，那就是工业设计师贝哈（Yves Béhar）。1999年，他在旧金山创办设计和品牌塑造公司“Fuseproject”。贝哈融合了自己的艺术天赋、产品设计和沟通策略，赢得无数国际大奖，也对全球产生影响。他觉得，他为企业客户设计的工作是真正的艺术，因此在每一项专案中都投入他每一分杰出的才能。

不论为公司拍摄广告片能否激励你继续制作专题影片，白天写贺卡文案是否可以激励你在晚上写小说——这些都是只有你自己才能决定的事。或者，你可以结合两者，成为屡获殊荣的广告导演、平面设计师、代笔写手或顾问。唯一能决定该怎么做才是最好，只有你自己。

热情可以帮你度过艰困

或许最重要的是，热爱自己的工作，才能让你度过失败与困境，以及你准备要放弃的时刻。这就是乔布斯被自己在1984年创办的苹果电脑开除时发生的事。2005年，他在斯坦福大学为毕业生演讲时这么形容：

> 我坚信，能让我继续走下去的唯一一件事，就是热爱自己所做的事。所以，你必须找到自己热爱的事，对工作如此，对爱情也是如此。你的工作会填满人生的绝大部分，而唯一能真正让你获得满足的方法，就是去做你认为伟大的事情。要做出伟大的事，唯一方法就是做你热爱的事。如果你还没找到热爱的事，就继续寻找，不要停。只要全心全意，找到时你会知道。而且，就像任何美妙的关系，随着岁月的流逝，只会越来越好。所以，继续找，直到找到为止，别停顿。

多年来，乔布斯面临过许多障碍，包括被自己创办的公司赶出门。原本他可以轻易放弃或放手不管。你我经常都会面临挑战，而且怀疑自己是否该在此时收手、忘掉梦想。但是，梦想的力量总是会把我们拉回来，因为那是我们热爱的事——是人生中不能没有的事。

别告诉我的经纪人或出版社，但假如有必要，我愿意无偿写作。写博客让我省下大笔心理咨询费，写书帮我解决人生面临的某些最困难的问题。这也是让我回到案前继续写书的原因。

找出你热爱的事，能给你每天努力奋斗的人生带来巨大改变。

问题三：什么事让你抓狂渴望改变？

在许多情况下，你最讨厌的事就是你生来必须要解决的问题。换句话说，你讨厌什么？什么事会把你惹火？我相信，找出天命的关键就在这些问题的答案中。

> 想想看，什么事情让你感到不满，而且是那种会让你觉得“该死，难道没有人能把这件事做得更好”的事，那就自己去试试，把这件事做得更好。可以从小地方做起……连你自己都会感到讶异：如果自己来做会更好，那么，不管是在什么领域，你都能弥补缺陷，而且可能因此意外发展出一个事业。
>
> ——布兰森（Richard Branson）

有个朋友很讨厌听到少女未婚怀孕又突然被男友或家人抛弃的故事，也讨厌看到恋爱中的少女听到男友说出那句令人厌烦的陈腔滥调“如果你真的爱我……”就倍感压力，以为维系关系的唯一方式就是答应与对方发生性关系。然而，一旦她们发现自己怀孕，男友口中的爱就消失了。接着，她们的男友就下落不明，家人也抛弃她们。最后，她们不是堕胎，就是把孩子生下来。而孩子生下来后，不是给别人领养，就是独自一人抚养小孩。

这些少女被抛弃的故事，总会惹火我朋友，让她抓狂。于是，她决定为她们做点事。凭借着单纯的干劲与决心，她在全世界建立起家园网络，收留这些走投无路的少女，帮助她们继续完成高中或大学学业。提供职业训练，帮助她们靠自己的力量站起来，也帮助她们抚养孩子，或为她们的孩子找到有爱心的领养家庭。

一开始规模不大，但经过多年发展后，到今天已影响了全世界许多少女，也给了她们重生的机会。

这都不是源自于热情、天赋、才能，就连一点兴趣都不是。

一切都是从某件让她抓狂的事情开始。

另一位朋友克丽丝汀听说全球各地都有女性被胁迫卖淫的事情时，就会感到浑身痛苦。听到这些女孩被绑架、下药、装进货柜贩运到各港口，然后终生被迫染上毒瘾和卖淫等关于性产业的恶行时，克丽丝汀总是泪流满面。

于是，克丽丝汀和她先生成立了“A21运动”，为人口贩卖受害者做点事。他们并不自认为是专家，但他们认为，为这些受害女性发起的正义之战才刚开始。在欧洲各地为受害女性建立收容所，提供医疗照顾，帮她们修补破碎的人生，这对令人感动的夫妻为受害女性的人生带来了巨大改变。

不知道是谁说过这么一段话：“千万不要怀疑一小群有想法、下定决心的群体能否改变世界。事实上，也只有他们能改变这个世界。”而“A21运动”则体现出这段话所传达的精神与决心。就算只有一个人，也能对世界做出重大改变。没有任何资金或组织支持克丽丝汀和尼克，但他们做出了全球性的改变；而且，一切都是从发现某件让他们讨厌的事情开始，某件让他们抓狂的事。

这件事不一定是社会公益事业。你讨厌的可以跟手机、工作上的程序、行程表、公共教育或公司组织结构有关，也可以是你对某样特定产品的无能为力，或者是对某件紧急社会议题缺乏解决方案感到愤怒。

你有多频繁问自己：“为什么不是____？”不管那是什么事，好好思考，把这件事找出来，而且要意识到，解决这个问题可能就是你来到这世上要完成的事。

几年前我在犹他州举办的“日舞影展”（Sundance Film Festival）协助主持一场研讨会，并以探索“一件大事”为主题发表演讲。当时我提到，要从那些让你抓狂的事开始探索。隔天，有位同学来找我，他说："多年来我一直纠结自己的人生目标。我还在研究所读书，只因我还没决定要做什么，也不知道自己的热情在哪里。

听了你的演讲之后，我回到房间列了一份清单，写下真正让我讨厌的四件事，然后发现这四件事基本上就是同一件事。刹那间，就像有一扇窗在我眼前打开了，我找到自己生来要做的事情了。"

历史上最伟大的事业，有些是源自于不公不义。民权运动是发自一个梦想，但也是源自于纠正不公正的强烈欲望。有时候，就是因为受够了某件恶行，才会投入自己的一生来纠正这件事。

试试看吧，有什么事让你讨厌？人生当中有什么事让你抓狂？答案可能会让你未来的方向有所改变。

请记住，你现在的工作是什么，为了维持生计而做什么样的工作，这些都不重要。解决烦恼的答案可以借由新产品、独创法则、电影、书籍、游行示威、社会运动或事业来体现。不一定是多大的一件事，只需挺身踏出第一步。

你只需挺身而出。

内心纠结的，都能从工作中看出来

你从事的工作可能不是传统定义下的创造性领域，像是写作、布道、制作电影或艺术创作这类工作。但是相信我，你苦恼的事往往会表现在你的工作性质中。

请留意。留意你在工作上要求的计划类型，留意你买的书、观看的电影和电视节目，留意你交往的朋友类型、参加的研讨会类型、订阅的杂志类型。

尽管不是所有情况都适用，但你每天所做的决定，就是通往你所苦恼的事、热忱和梦想的一扇窗。

你买的东西以及生活习惯透露出的内心面，会比你自己了解的更多。

问题四：你决心留给后世什么?

我不太记得某个电视广告内容，但其中有句台词让我永生难忘：“没有人是因为成名在望而让人记住的。”

我们都想让人记住，就拿名垂千古来说，我们鲜少记得哪些人是因为有多方面专长而让人记住的。乔丹只因为篮球被人记住，尽管他擅长多种体育运动。

每当我们提到对后世长远的影响，脑海里总会蹦出几个穿着布片在广场上慷慨激昂的希腊先哲形象，又或者在仓库里满身油腻却兴奋异常的工人形象，他们是改良了蒸汽机的瓦特，又或者是发明了飞机的莱特兄弟。

而我们需要认真知道的是，真正为后世留下不朽创新的时代不是希腊时代、不是工业时代，正是我们这个日新月异的时代。我们每个人都有机会创造出不朽杰作，问题是，你想给后世留下些什么？

2010年，好莱坞拍了一部现实题材的大片——《社交网络》，所谓大片是从他获得的殊荣和票房而言，从投资上看，这当然不算一部大片。影片的故事原型是Facebook的创始人马克·艾略特·扎克伯格（Mark Elliot Zuckerberg）。对，就是现在我们都在使用的Facebook，就我的社交群而言，似乎没有人不在用这个虚拟又现实存在的社交工具。

但你了解扎克伯格吗？他是个什么样的人？这引起了我极大的兴趣。扎克伯格从小就是个电脑天才，这一点无可否认，他甚至在高中时就设计了一款MP3播放器，要知道韩国人设计的世界首款MP3是1998年面世的，也就是说，马克设计MP3时，这玩意儿刚刚在世界上出现不久。因此，马克招来了包括微软在内的众多计算机企业的橄榄枝。

而马克一一拒绝了他们，甚至没丝毫犹豫。尽管那时他还没有任何成为大人物的预兆，但他知道做计算机设计不是他需要的，不是他想展示给世人的。（当然，据传当年扎克伯格拒绝微软高层主动提出的约会，原因只是微软要求早上8时会面，而他起不了床。）

总之，马克知道自己热衷什么，也知道自己想留给世人的是什么，这一点在中学时就体现出来了。“扎克伯格很喜欢程序设计，特别是沟通工具与游戏类。他还开发过名为ZuckNet的软件程序，让父亲可以在家里和牙医诊所之间进行消息交流。这一套系统甚至可视为后来美国在线实时通信软件的原始版本。”

对，马克喜欢的是交流，通过互联网进行交流。所以，在哈佛他选择了计算机和心理学专业，尽管后来因Facebook辍学，但这是他喜欢的。而促成他创立Facebook的大事件就是利用黑客手段入侵了学校的系统，盗取了校内所有漂亮女生的资料，并制作名为“Facemash”的网站供同学们对辣妹评分。

尽管这一事件使他受到处分，却促成他和另外两个同学，用一个星期的时间创造了Facebook。

尽管他从小时候就成了电脑天才，但人们只会因为Facebook

记住他，不是MP3，不是什么电脑程序。

让人记住已经够难了，专注在“一件大事”则是名垂千古的关键。

你想留给后世什么？你想让人记住你什么？

现在花点时间来复习一下这四个重要的问题：

- 什么事你做起来轻而易举？
- 什么事让你着迷并快乐？
- 什么事让你抓狂渴望改变？
- 你决心留给后世什么？

运用这套模式，开始将自己人生中不切实际的“一件大事”归零。

下篇

激活“一件大事”的能量，让天赋被看见

第6章

天赋如何被看见

> 我们生活在一个媒体纷乱的时代，伟大的创意反而比过去更难传播。
>
> ——卓嘉（David Droga）

11.在纷乱世界中引起注意

在我们的通俗文化世界中，吸引目光是迄今为止最困难的本事。

——海斯（Christopher B.Hays）

新的问题来了，找到你的“一件大事”后，你要如何吸引目光？或者就像乔布斯所问的：你要怎么改变这个世界？才华和个性，如果不为人所知，就只能籍籍无名。激活“一件大事”的能量，把信息传达给世人，让你的天赋被看见，才有机会实现志愿。

独创的力量

在一片竞争激烈的环境中，吸引目光最快的方式就是完全独创，苹果电脑公司推出“不同凡想”活动时就是这么做的。在想法相似、翻版产品、部落式集体意识充斥的世界中，我们极渴望看到一些新东西。

独创就是从意想不到的来源寻找灵感。

——雅顿（Paul Arden）

就如同动画师麦克李奥所说的：“想法不一定要多么伟大，只要是你的想法就行。”不要再模仿别人了，开始深入检视自己的人生，找出能让自己的信息、故事或企划案变得独一无二的事。就拿信息的独创性来说，你有什么独特的背景、教育、天赋、才能、人生经验与价值？

事实上，小说家欧康诺所写的故事之所以独特，有部分原因是她曾在乔治亚州米利奇维尔的农场养过鸡。如果她是住在纽约或伦敦，她在写作和人生方面的观点又会有什么不同呢？

海明威喜爱冒险，他的《流动的盛宴：海明威巴黎回忆录》为他那段富有想象力的巴黎生活揭开了美妙的序幕。

布林在俄罗斯度过的童年时光，如何预示将来有一天他会研发出“搜索”的概念，进而与合伙人共同创办名为“Google”的公司？

是什么事情让德蕾莎修女将一生奉献给加尔各答的贫民窟？又是什么事情让金恩博士站到民权运动的第一线呢？

又是什么样的人格特质与精神价值，让伍登（John Wooden）成为史上最优秀的篮球教练？

我正在读历史学家麦卡勒（David McCullough）的《美国人在巴黎》（*The Greater Journey*），内容是一群勇于冒险的美国作家、医师、投资商、艺术家、政治人物、建筑师，在1893到1900年这段时间到巴黎闯天下——这段时间，巴黎是一座充满创造力且鼓舞人心的城市。这本书描绘出他们在生活和工作中的体验，为自己的人生带来了不可思议的影响。

>> 你的人生和经验也能带给你独一无二的原创观点吗？

人类天生会仿效和复制，例如好莱坞就已打造全球化的后续制作产业。假如你能靠制作后续商品赚进大笔金钱，就能理解为何好莱坞会在经销所有权上投入如此多的财力。

出版业也跟上这股风潮。我看过一本畅销书最近也出现了“青少年版”和“妈妈版”，以及为小众群体推出的月历、灵修日程和研究系列——更别说还有咖啡杯和T恤等周边产品。

但毫无疑问，这些后续版本和周边商品都是从一个“独创的想法”开始。

> 想法可以改变人生。有时候，你只需要再多一个创意，就可以打开那扇门了。
>
> ——罗恩（Jim Rohn）

我们都有独特创作的能力。世上有太多人以为自己没有创意，也因此终生埋没了创作的天分。但回想一下小时候，几乎每个小孩都有创造力；然而，到了上学的年纪，打击这些艺术天分的事情就开始出现了。

我永远不会忘记，我开始像成年人一样思考事情的那一天，而且直到现在，我对那一刻一直都有点感伤。当时我还是个小男孩，我们一家住在北卡罗来纳州夏洛特郊外的一处森林附近。我经常天一亮就跑到森林里玩耍，一直到日落才回家。我有只名叫“布兹”的小狗，小时候常和它一起玩角色扮演，体验电影中的二次大战情节——躲在树林深处搜捕德国士兵。

当然，这一切都是想象，但是对我和布兹来说，却如此生动逼真。

直到有一天，当我们走向森林时，我惊觉德国士兵根本不存在。不管怎么试，我就是没办法把他们召唤出来，他们也不愿开枪回击，最后只能留在我的回忆中。

接下来几天，我又到战场进行几次突击，却依然不见他们的踪影。

他们消失了也好。

也许从那天起，我就已经长大了，但我永远不会放弃想象力。这些年来，想象力是我生活和工作的动力来源，所以我不愿意放弃。

> 有人凝视着一堆石块，想象那是一座教堂时，这堆石块就再也不是石块了。
>
> ——圣·修伯里

你也拥有创造力，只是在人生的旅途中放弃了。

深入挖掘你的创意百宝箱，也许它深深埋在你潜意识的沙堆中，但是它一直存在。以下几把关键钥匙可以帮你开启尘封已久的百宝箱，开采出其中蕴藏的宝藏：

敞开心胸，接受他人的想法

剧作家萧伯纳曾说过：如果我有个想法，并且把这想法给了别人，这个想法并不会就此消失，同样的想法还是在我手上！这种感受是无法用实物的算术理论来解释的。让我们从交换的角度来检验这种感受吧！如果我有个苹果，你也有个苹果，于是我们交换苹果——那么，你有个苹果，我也有个苹果。但假如我有个“苹果是红色”的想法，而你有个“苹果很小”的想法，于是我们交换想法，那么你就有了两个想法，而我也有两个想法。这个道理浅显易见。所以，规范思想或想法的法则，与规范事物的法则不同。假如我把某个想法给了别人；我还是有同样的想法可以继续送给别人，就算我一再把想法送给别人，同样的想法还是会留在我的脑海中。

我们都因为接触别人的想法而有所成长，所以你也应该拓展阅读范围、参观博物馆、听听反对意见、跟上潮流，让你的人生像曲线图一样不断往上成长。学习永远不嫌迟，开拓你的教育视野是进一步培养新想法的关键步骤。如果你正在写书，那就阅读类似题材的书籍。这么做并不是在偷取别人的想法，只是参考其他人的观点。很久以前我就知道阅读可以帮自己激发出最棒的灵感，一种想法或说法可以在刹那间解开一直纠结在心中的问题。

写下来!

有多少次灵光乍现的时候，你却因为来不及记下而让灵感瞬间消逝？灵感是世上最脆弱的东西，如果不能马上记下来，就会永远消失。假如我告诉你，一个灵感可以给你带来几百万美金的收益，你还会忘记吗？我想应该不会。事实上我的确遇到过那些依靠一个简单的灵感而获得收益的人，他们通常都会随身带一个小的笔记本，以便随时将自己头脑中的想法记录下来。只要你听了其中任何一个故事，就再也不会让自己忘记拿笔记本或行动装置记下灵感了。

根据“改变一切网站”（changeanything.com）的研究显示，改变的最有效工具之一，就是记录的方式，例如笔、笔记本、笔记型电脑或行动装置。只要记下你的计划或想法，就能让自己的成功率增加三分之一！不要因为只是没把灵感记下来，就失去改变人生的机会。

你是用什么工具记下灵感的？我是用iPhone的APP，可以在记下笔记后自动通过电邮传送一份给自己。我也会用录音、待办事项清单等功能的APP，另外还有一本用笔书写记事的笔记本。

不妨现在动手，为自己准备一些可供你随时记录灵感的工具，这对你很重要。不要让获取成功的机会从脑海中白白溜走。

了解你想改变的世界

许多怀抱梦想的人之所以失败，是因为不了解实现梦想的“现实面”。竭力向我推销剧本的剧作家多到不胜枚举，但几乎没有一个真正了解电影产业是怎么运作的。同样的道理，许多人拥有设计手机APP的点子，却不知道APP实际上是怎么制造出来的。

试着了解业务工作

大部分从事创作的人，都不想做的就是学习任何有关业务方面的事情。我只想创作，所以出社会后，一直都在寻找业务伙伴帮我应付媒体产业。后来我学到，**自己若是不懂得如何让创意和梦想在现实世界中运作，这条路没办法走太远。**

了解出版业如何运作，并不会让你违背自己的原创信念，而且可以开拓你对市场以及如何卖出更多书的观点。电影业的业务也没有多大的不同。世界各地都有许多人自称制片和导演，但其中有多少人真正花时间和精力去学习开发、制作和发行？请代理人能帮到忙，还是帮倒忙？请私人经理来帮忙又会如何？我该透过法律途径保护自己的创意吗？要让别人认真考虑你的想法前，还有一大堆问题等着你回答。

在商业界，可供你传达想法的平台其实并不多。我曾参与许多大型协商会的规划团队，在活动开始前一周，通常我会接到许多询问能不能安排演说时段的电话，这点令我感到相当震惊。他们可能有重要信息想要分享，却没意识到演讲人的时间表早在活动开始数月前就排满了，有些甚至在几年前就已排定。这都是因为他们没有花时间去学习业务是怎么运作的，也就没办法替自己发声。

公关业这一行，是近年来业务经历重大改变的最佳范本。十年前，各行各业会出于各种因素发布新闻稿。

有人升迁——发新闻稿。

收购新公司——发新闻稿。

公司销售业绩破纪录——发新闻稿。

以前是用邮寄的方式发布新闻稿，然后是用传真，接着就是用电邮——当新闻稿数字化后，就像排山倒海般席卷而来，以传统形式发布新闻稿所能发挥的影响力也就不如以往了。最近我注意到有家大型组织以传统形式发布了一份新闻稿，是关于该公司设计的司法诉讼问题，内容平淡无奇。我上网查了一下，据我看到的，只有三家新闻媒体张贴了这篇新闻稿。

对抗这家公司的机构则采取了不同的方法，就是发表在博客上，因为他们的博客拥有好几万名固定读者。他们的新闻稿不但有人看，还被其他博客转载，或是通过其他社交媒体转发，因此引来诸多新闻媒体报道。他们接收到的读者人数，可能比对方以传统形式发布新闻稿要多上千万倍。

并不是说传统的新闻稿形式已死，只是公关专家都知道，把故事传达出去的技术显然已出现重大改变了。

>> 在数字时代，平台已变得前所未有的重要。

我写的《25个扭转人生的改变法则》正式出版时，并没有发新闻稿，而是写了几篇关于这本书的文章。结果，这些文章偶然被全世界各大政治、科技、时尚生活和宗教网站提及。后来也有杂志和地方报纸刊登了这些文章，我还因为这些报道受邀到一些研讨会演讲。

这个世界显然已经变了。借由写书、可供人下载的PDF、博客、影片、杂志、PPT、广播或电影，你的故事能不能说得更棒？这不只关系到数量多寡，也关系到“对的听众群”。

我之前提过，我和妻子在印度一场研讨会上演讲，是由一群年轻的创意领导者举办。到场听演讲的观众约有500人，都是来自印度各地。尽管我有机会向成千上万名来自世界各地的观众演讲，但我也知道，这500名创意专家属于某种拥有庞大影响力的听众群。

重点就在于平台。在开发“一件大事”时要记住，除非能了解现有的多种平台，否则你永远无法将信息传达出去。从今天开始好好研究吧！

作家史蒂芬·金知道出版业是怎么运作的。

史蒂芬·斯皮尔伯格知道电影业务是怎么运作的。

华理克牧师知道怎么带领教会。

马克·扎克伯格知道社交媒体是怎么运作的。

科比·布莱恩知道专业篮球的业务是怎么运作的。

像理查·布兰森一样富有远见的人，早已学会如何通过多种平台运作，并且利用多种不同的品牌拓展自己的影响力。

所有的成就都不是单纯因为具有创意和谋略，而是因为他们了解如何将想法落实的业务工作。

了解、尊重听众群

在纷扰的世界中，你的想法有多优秀并不重要——假如没人在听，就是失败。

不管你有没有高明的策略可以解决公司问题，只要没人肯花时间去看或听你的计划，一切都不重要了。

不管你是不是能制作好莱坞的卖座巨片，只要你无法让业界人士读你的剧本，一切都不重要了。

不管你正在写的书有没有机会登上《纽约时报》排行榜，倘若不能引起出版社的兴趣，一切都不重要了。

不管你能不能研发出大受欢迎的APP，一旦被淹没在APP商店里好几亿个竞争对手中，一切都不重要了。

不管你的想法能不能改变世界，假如这个世界不理你，一切都不重要了。

那么，答案是什么？你要如何突破重围？你要怎么让你自己或“你的想法”吸引目光？

说到与全世界分享我的梦想，首先我会考量到我的听众群。我发现，就算演讲的主题一样，也要为不同的听众大幅改变呈现方式——不论他们来自商界、教会、非营利机构、研讨会、大专院校等。在大学生面前呈现的方式，不同于商界或非营利机构的专业人士。就传达故事而言，毫无疑问，你必须认真考量你的听众群。

数字时代的关键在于互动沟通，不仅要分享信息，还要确保对方确实接收到。麦斯威尔说过，每个人都会沟通，却没有多少人能让对方接收到。我们的责任就是要确认听众群确实接收到我们的信息。

从政治角度来看，多元文化的想法也许是正确的，但在现实生活中就是行不通。事实上，就以传达信息给某个听众来说，就有可能造成不良影响。

>> 尽管我们都喜爱为各种不同品味的广大群众写书、创业或制作电影，但是，仍然必须从更小的群众市场先开始。

听众群之间的差异极大，在世界各地旅行过的商界领袖都能证明这一点。第一次见面的问候、如何交换名片、手机通话礼仪、适当的穿着——在美国觉得不怎么重要的地方，在某些文化中可能会变成破坏重要交易的因素。

多年前，我在某个发展中国家拍摄一场推广活动。美国一家大型非营利机构推出一项人道关怀方案，该组织总裁要向当地几百位商业和教会领袖、部落长老及其家人表达自己的愿景。这位来自美国的总裁——对听众群的背景一无所知——说了一段冗长的笑话，但我们立刻听得出来，这段笑话的内容只有美国听众听得懂。更糟的是，这种笑话可能会冒犯到当地人。

然而，笑话说完后，听众爆出如雷笑声。

带着满腹疑惑的我，在活动结束后问了翻译人员，听众是不是真的都听得懂这个笑话。他回答我，他也知道这个笑话是行不通的，所以他没翻译出演说人的笑话，而是从容不迫地继续用当地的语言说："这位美国商人正在说一个笑话，但这笑话是你们不会懂的。不过，我希望让他有宾至如归的感觉，所以等我给你们一个暗号时，希望你们都能大声笑出来。"

果然，当总裁说到好笑的地方时，这位翻译人员打了一个暗号，于是全体听众爆出笑声。一直到现在，这位总裁都还以为自己在第三世界的形象极为风趣。

他因为翻译人员的灵机一动而免去了麻烦，但你不一定能这么幸运。重点是什么？就是要尊重听众群。

前阵子，密苏里州乔普林遭到龙卷风肆虐，灾情惨重，我在电视新闻上看到两位医师接受访问。他们试着描述这次龙卷风对当地医院造成严重的损毁，因此提供了紧急医疗协助。不过，坐在那里听着他们讲起医学术语时，我完全听不懂他们在说什么。他们若不是忘了自己是跟一般大众讲话，就是根本不在乎我们是否听得懂。无论如何，原本可以鼓舞当地社区从风灾中复原的信息，却迷失在医学术语的迷雾中。

小说家兼医师克莱顿（Michael Crichton）曾宣称，医学著作“试图用手法精湛、精雕细琢的文字来混淆读者”。曾有读者寄函给《新英格兰医学杂志》并批评：“手臂和腿什么时候变成‘四肢’这个名词的？为什么说到病患就是用移动、目视、发音、磨碎，说到其他人就是用走路、看见、说话、咀嚼？……有点怀疑医师不把病患当人看待。”

最近我还看到某大学将专题小组取名为“间隙：南方多元文化教育学的后殖民和女性主义观点”。虽然我有博士学位，但我不仅“看不懂”这个名称，也“不在乎”那是什么意思。

这样做到底用意何在？只会让你觉得自己很特别罢了。你身在一个俱乐部中，其他人却无法加入也无法理解，这种想法存在许多问题，其中之一就是会限制你的听众群。如果你的信息内容只想让少数的学术派（或其他听众群）阅读和理解，那没关系，就这样吧！但如果你的目标是，想让更多可能的听众群接收到你伟大的信息和目标，那就请尊重他们。

身为沟通者，语言是最重要的工具。要运用得当，否则会破坏别人对你的观感。道理就是这么简单。

在现今竞争激烈的世界中，沟通能力就跟“一件大事”的力量一样，都能发挥作用。学习用简单易懂又直接的方式沟通，重点不在于你有多聪明，而是让你的听众群了解多少。

设计你的设计

目前我们生活在由设计主导的时代。逛逛苹果电脑门市、星巴克，或者看看制片公司为电影海报或出版商为书籍封面所付出的心力。这是个视觉时代，建立平台的最快方式是从视觉的角度去思考。

然而，出席一场又一场的业务会议时，我依然会看到有演讲人使用充满密密麻麻文字的幻灯片。他们滔滔不绝地讲着，以为用这些幻灯片就可以衬托出他们的论点，但事实上只会让听众感到昏昏欲睡。你认为你事业上的听众群更容易被言语打动，还是精彩刺激的影像？现在，设计已成为语言中至关重要的一部分，制作富有创意的企划案时，没有多少可以不带有一些视觉上的想法。

想在工作上提升士气？那就打造视觉上更能鼓舞人心的环境。

想让自己的企划案更有效率？那就学着如何从视觉的角度说故事。

想让更多人看你的网站？那就重新设计，从视觉上吸引读者的注意。

设计名片时不要再落入俗套。

想让人留下深刻印象？那就从视觉的角度去思考。

当然，解决这个问题不能光靠优秀的设计。有许多企划案的设计很了不起，但最后却都失败，这有很多原因，比如资金不足、内容不够好、时机不对等。

但别搞错。从整体策略来看，优秀的设计还是至关重要的一部分，可别掉以轻心。

名称的设计也非常重要

首先要声明的是，我不是网络上被蔑视的标题党一族，但我们不得不面对的现实是，在数字化又纷扰的文化中，名称已变得前所未有的重要。这也就是为什么想让你的书、电影、生意或其他企划案吸引目光，就一定要认真思考名称。

你应该听过这句话：一切都是因为选择。每天都有成千上万个决定要做，除非是名称够吸引人，否则没有人会花时间采取进一步行动。

举个完美实例，站在一家大型书店里，书架上的书籍琳琅满目，你会选哪一本？大部分人选书不是因为故事内容最棒或意义深远，或是由最有才华的作家所写，而是因为“看起来很有趣”——表示书名和封面的设计似乎能引起读者的兴趣。只有等读者买下书后，才会略过书名，开始阅读内容。

就算大多数人在进书店前就已做好功课，要找某本特定的书，但很多时候（对大部分人来说可能是最常见的情况）买书都是随兴的，也就是一时冲动。

电视节目、工作、电影或研讨会主题的名称也是一样。我经常义务帮一些研讨会和工作坊取更有吸引力的名称，这也是我非常热爱的事。没什么比出席一场名称听起来像是“媒体不公现象：后电视文化的对与错”之类的研讨会更无聊了。

何不将名称改为“媒体最容易犯的十大错误”？相信我，出席人数会增加两倍。

“大瀑布城浸信会医院”是一所享誉盛名的基督教大学，也是一所学术表现优异的学校，地点在密歇根州大瀑布市。

但是在1999年，他们决定采取一项重大措施，把学校名称改为“基石大学”（Cornerstone University）。教职员、课程、校舍或捐赠基金都没变，只是改变校名；然而仅仅一年间，学生注册人数便急剧上升。

毕竟，谁会想要读大瀑布城浸信会医院或神学院呢？改成“基石大学”呢？情况就不一样了。

它原本已经是优秀的大学了，只是改了校名后，等于为范围更广大的听众群敞开大门。

品牌的名称取对了，就是最宝贵的资产。

——纽迈尔（Marty Neumeier）

CBS 周日晨间新闻节目报道过一则消息，多年前密西西比州的“考宾斯镇”（Cowpens）改名为“橄榄枝镇”（Olive Branch）。这次也是，只是改了名称，其他都不变。结果，这座位于密西西比州的橄榄枝镇，人口增长了835%，成为全美人口增长最快速的城镇。

所以，别告诉我名称一点都不重要。

12.成为一股不可忽视的力量

说个好故事，便能功成名就。说个很棒的故事，便能打造一场群众运动。

——《你有什么故事？》

给媒体一个独特的视角

我在2011年所写的《25个扭转人生的改变法则》，是特别为个人设计的，目的是为了帮助人们在令人不知所措的多变文化中实现梦想。在当今这种纷扰又缺乏专注力的文化背景下，我再次写下这类型书籍。

这几年来，我的作品一直注重于“影响力”，协助人们吸引目光，好让他们的想法能影响家人、企业、客户、赞助者甚至文化。不论是商业领袖、政治人物、社区组织者、社会运动人士、牧师、宗教领袖、非营利组织负责人、教师、父母——任何需要影响其他群体的人，我都有兴趣协助他们。

要在现今纷乱世界中吸引目光，比历史上任何时候都更具挑战性。似乎每一个人都在“打造内容”，而我们也被排山倒海而来的新资讯给淹没了。加油站和电梯装有监视录影器，机场的墙壁上也架设大型电视荧幕，一天24小时不断播放广告资讯。以往的广告看板刊登的固定资讯，现在也变成了多媒体荧幕，每隔一段时间就更换一次信息。广告代理商也会找更多地方穿插广告，从机场安检时放置随身行李进行扫描的托盘，到厕所便池前的墙面都不放过。

现今企业为锁定我们所运用的科技，效果远比过去更大，但我们却往往不自觉。假如广告商目前正在试行的广告看板或其他形式广告，真能辨识消费者的特征、性别和尺寸，播放客制化的促销广告、那么电影《关键报告》中的情节会成真——而且，总有一天还会特别为“你”量身定做。

事实上，已有研究员指出，平均每人每天接收到的媒体信息高达5000条。职场上的干扰情况如此严重，以至于根据《今日美国报》的报道，在生产率流失方面，一般来说，拥有1000名雇员的公司，一年可因此损失1000万美元。

该报道还指出，美国超过半数员工，一天有一小时以上时间因为被干扰而浪费掉，其中60%是被电子装置和电邮所干扰。事实上，45%的员工表示，他们没办法连续15分钟以上不被其他事情干扰，就连休息时间也一样。只有68%的人在看电影时会关掉手机（这就是为什么看电影时，总是会有不识相的家伙就坐在你前三排拿着手机检查电邮），而且至少有一半的人就寝时不关手机。

美国国家公共广播电台曾有一篇报道《数位泛滥：依赖小电子装置的大脑》说，现今平均每人接收的信息量比1960年代高出三倍。他们也引用《纽约时报》的报道指出，平均每位电脑使用者一天要浏览网站40次，而且平均每小时切换程序36次。

于是，排山倒海而来的信息、干扰和注意力分散，让传达单一信息给某个听众群的工作越来越困难。

现在，要是有什么拍电影的想法，就必须跟多重荧幕电影院，3D“大制作”电影，超过500个频道可选择的有线或卫星电视，可供数百万种影片下载的网站相互竞争。

若是写书，则要跟成千上万自助出版并自诩为作家的人竞争，包括你姑妈也可能写了一本自己身为德国移民的人生故事。

就算是为某家非营利机构设想一项出色的计划，也要争取赞助人的支持。根据美国国税局的记录，单单在2011年就有超过

160万家非营利组织登记在案。

在业务上有什么新想法，每年也都要跟成千上万个新开设的企业争取客户（其中又有不少企业很快就会因为竞争失败而倒闭）。

更别说自从网络出现后，有多少纷乱之事涌入我们的生活。根据提供网页监测服务的网站Pingdom.com的资料，以下几笔惊人的数字可以让你了解概况：

19亿7000万——全世界网络使用人数（至2010年6月为止。）

14%——自去年以来增加的网络使用人数。

1亿——2010年新增的Twitter用户数。

20亿——每天在YouTube上播放的影片数量。

3000以上——每分钟上传的Flickr的照片数量。

30亿以上——每月上传到Facebook的照片数量。

2000万——每月上传到Facebook的影片数量。

我们正漂浮在一片媒体信息的汪洋中，这片茫茫大海中有太多选择，但人们也大量利用这些选择。这并不是说你不可能吸引到目光，只不过，如今把信息传达出去以及寻找听众群这方面的问题，都已出现重大改变。

在上一个时代，只要有创意和动力，就能把想法推销出去。如今，创意固然重要，但你也必须突破重围。如果媒体世界是一座茂密的丛林，那么，你就是泰山，需要一把锋利的刀子。

但你怎样才能拥有锋利的刀子，在传播的丛林中披荆斩棘，突出重围？

我在之前提到过我用iPhone，且使用他们的APP，这并不是广告。事实上乔布斯是我很欣赏并喜爱的一个营销天才——虽然他已经离开这个世界。

你无法否认，尽管乔布斯已经离开，但苹果依然是当今炙手可热的品牌。当然我无意去吹捧苹果公司如何伟大，我想表达的是我对苹果营销成本的惊叹。如果你认真去查一查，你会发现苹果的网络广告费用极低，甚至是零。

“苹果是超级大牌，所以不用做广告，依然可以火。”“苹果有教主乔布斯，所以可以火。”千万不要相信这种天真的想法，事实上苹果使用了更加高明的手段——掌控媒体话语权。

乔布斯的每一次发布会都成为媒体界的盛会，各大技术媒体甚至社会媒体争先恐后地跑进会场，想尽办法离乔布斯更近一些，甚至为把新品拍得更清晰些大打出手。

为什么会如此？乔布斯有魔力吗？当然不是。乔布斯只是给了媒体区别于其他产品的一个独特视角，一款足够了不起的产品和一个足够了不起的人。

不同，是产品的命根，更是媒体的命运之绳，只有不同，只有独特才会引来消费者趋之若鹜，才会吸引媒体蜂拥而至。你不得不承认乔布斯天才的想象力和眼光，以及他对苹果产品准确的定位。他对于独特和创新有着近乎完美的苛求，这使得他的“一件大事”自然而然吸引了全世界的目光。当乔布斯出现在媒体面前时，每个人都在想：这次这家伙又会拿出什么新鲜玩意儿？于是接下来的一切就顺理成章了。

我写这本书时，《哈利·波特》系列电影的最后一集正在首演，而这一系列畅销原著的作者罗琳，本身也有不可思议的故事。在濒临破产的情况下，为了能免费吹暖气，她开始在一家咖啡厅写第一本《哈利·波特》。尽管在当时看来机会渺茫，但这看似渺茫的机会就给她带来了成功。作为一个作者，我必须要承认我在她面前有些自惭形秽，因为她是第一位靠写作成为亿万富婆的女作家，也是全世界仅有的五位白手起家的亿万富婆当中的一位。

所以重点是，从现在开始，你必须做一件了不起的事，才能突破重围、吸引注意，并获得所需的资源，给媒体一个报道你的独特理由。

寻找平台，释放自己

我一向特别着迷于某些偶然成名的故事，因为我从来不相信偶然，每当遇到这样的故事，我就想挖掘其内涵的元素。

贾斯汀·比伯无疑是个偶然成名的好案例，这勾起了我的兴趣。而更使我感兴趣的是，他的各种恶作剧传播如此之快，在破坏名声的同时，也使他更出名。这一切，都源于当今时代为大众创造的网络平台。

假如贾斯汀·比伯生活在二十年前，他最后可能获得成功，但更大的可能也是一个才华被埋没的普通人。没有人会知道他的音乐，更别说他调皮捣蛋和越来越严重的恶作剧了。

是的，平台的重要性不言而喻。贾斯汀·比伯因为将视频传到YouTuBe（世界最大的视频网络平台）上而一举成名。在电视台垄断视频的时代，每个电视人都高高在上，他们每天收到的视频手稿相信大多数会被直接丢进垃圾箱。当然，那个时代各大电视台常常举办歌手选拔赛，但你我都知道，歌手选拔赛选拔的往往并不是真正的音乐才子，尽管很多人从这些平台上成名，但绝大多数拥有音乐才华的人一生都得不到机会。

而且，参加选拔赛并非毫无成本，若非得到母亲的财务支持（他出生在单亲家庭），贾斯汀或许连参加选拔赛的机会都不会有。网络却不同，在这个平台上，贾斯汀不需要任何成本，便能与整个世界沟通。

2007年底，为了让一些不能出席看他表演的家人和朋友看到自己参加学校的表演，比伯和他的母亲在YouTube上传了比伯翻唱的歌曲。

这样一个简单的决定，却帮助比伯成为世界上最出名的歌手，YouTuBe释放了比伯的音乐才华，并使他被全世界知道。

当然，受益于平台，也毁名于平台，平台本无好坏之分，区别只在于你做得好与坏。平台是放大器，将信息释放到最大。

朝粉丝吐口水、艳照事件、吸毒……贾斯汀是个坏孩子，这个名声与他的音乐一同传往世界各个角落。直到今天，贾斯汀·比伯Facebook的粉丝依然有1900万之多。

和贾斯汀·比伯一样在YouTube平台爆红的网络歌手不计其数，仅仅因为一段视频、一支歌曲，他们便从默默无闻变成明星人物。甚至就连宠物也是这个平台上的明星，风靡Facebook的博美犬Boo自2010年成名，在Facebook上已有接近500万粉丝，因其超级萌态被人们评为“世界上最萌小狗”。迄今为止有关它的两册书已经出版发行，并且风靡整个世界。

数字化的网络时代为贾斯汀提供了免费的平台，一个和任何人都直接相连的平台，于是他成功吸引到了那部分属于他的观众，成功释放了自己。

之前我提过，人生的最终目标应该是找个交会点，不但是全世界的重要需求，更要为自己的热情找到合适的释放平台。对许多通过网络成名的人来说，这个交会点就是YouTuBe，就是Facebook。

当然，平台只有适合自己，才能帮助你释放能量，网络已成为今天最热的平台，但并不是唯一平台，也不是适合任何人、任何企业、任何事情的平台。当然这对你来说并不重要。重要的是：你的平台在哪里？你要做什么？你找到了适合你的平台了吗？如果还没有，就赶紧去寻找。

拓展你的人脉关系

在社交媒体的时代，没有理由不建立一个强有力的人脉资料库。36岁时，我在美国中西部工作被解雇后，第一个自由接案的演出工作就是从老朋友那里得到的，他比我早几年离开同一家公司。我就是在那天学到了人脉关系的力量，而且从此开始更积极累积人脉。

我天生就很随和，也喜爱结交新朋友，这对我来说很容易。而且，我还刻意将事业重心集中在发展人脉关系的力量上。

有一点要注意的是，发展人脉关系，并不是利用他人来获取自己的利益，人脉关系应该建立在坦率和真诚上。若是你怀有私心，对方一开始就会感觉出来，这样就很难让对方接受你。每当有人询问我的意见时，只要稍微不安好心，我都可以立刻感受到。也许你听过一句古谚：“人们往往不关心你知道多少，除非知道你有多关心他们。”

请相信这句话。

持续更新履历

我希望我的员工不会看到这段内容，但更新履历或设计作品集绝对不会有坏处。我们现在处在经济动荡的时代，像父母那样终其一生只做同一个工作的时代已经过去了。你永远不会知道追求梦想的机会何时到来，而且追求梦想不能只靠自己展开。

一般说来，人们总是依照自己的资历和经历（即过去）来寻

找工作，而不是出于对成功的渴望（即未来）。于是，他们很容易被那些更努力不懈、表现更好的人超越。

——雅顿（Paul Arden）

我很喜欢那些在好莱坞制片厂工作的自由接案者的工作态度。他们今天完成一项工作，明天又重新开始找另一份工作。不管是什么时候，他们随时都可能成为无业游民，所以会一直更新自己的通讯录，定期与过去的人脉保持联络，从不会拒绝任何机会。片场导演每次喊“卡”的时候，你一定会看到自由接案者开始打电话找下一份工作。

另一方面，全职上班族就比较悠闲了，而且非常依赖固定薪水和福利这片安全网。他们以为这个位置非常安稳，于是没多久就与外界失去联系，没有定期更新履历和作品集，对于外来的机会也都拒之门外。

如果被裁员、减薪或解雇，他们就像突然被绊了一大跤，无法即时反应过来。此外，我还发现，上班族当得越久，越不能察觉到内部即将发生变动的不祥征兆。所以，有这么多上班族对裁员和减薪毫无防备。

对于自己不期待的事，你就是没办法看清楚。

“改变一切网站”的数据可以证实这个假设：多达87%的上班族之所以错过升迁或加薪的机会，是因为他们无法做到老板要求的改变。

要听我的建议吗？把你的全职工作当成自由接案的工作。

千万不要把改变的机会拒之门外，随时准备转换跑道，适应新的职位。随时备好履历，而且不能忽略拓展人脉的机会，因为人脉关系可以帮助你从目前所在的地方，到想要去的地方。

不要因为没有能力看清未来的变数而被淘汰出局。

你能为别人做什么？

越是尽快领悟到“这么做不只是为了你自己”，对你就越有好处。已经有好几次了，每当我帮别人找到工作，过了几周、几个月或几年后，他们也会回报我类似的协助。帮助别人迈向梦想，过不了多久，他们也会帮你迈向你自己的梦想。一直以来，我都会留意工作机会的媒合，帮忙对的人找到对的工作。类似这样的事做了一段时间，就会觉得非常有趣。看着人们被放到十分合适的位置，实在让人非常有成就感。

他们一定会有所回报吗？难说。你可能帮某人找到适合的职位，他却立刻把你忘得一干二净，这样的事可能不少。我曾遇到最莫名其妙的经验是，帮几位客户寻找得力人手。在许多情况下，客户聘请我们当顾问，我们很快就会发现，客户的公司需要某方面的人才，方便帮我们实践一些想法。于是，我们花了大把时间帮客户寻找对的人，而且在大部分情况下，我们是帮某人找到更好、更高薪的工作。

结果他对我们做了什么？把我们一脚踢开。没错，真是莫名其妙。帮他找到待遇优渥的职位后，他竟然转身说服客户，告诉他们不再需要我们了。

人类的行为实在是令人匪夷所思。

所以，毫无疑问地，帮助别人和付出有时不会有回报的，但这不是停止建立人脉的理由。虽然少有人能做到助人不求回报，但这么做绝对值得，毕竟这是正确的事，也是该做的事。

还有，不要以为建立人脉就一定会有所回报。与合伙人协商合作一笔生意时，从中分得利润，这在商业实务的运作中很正常。但假如你每次与他人建立关系时都想着能分得一点好处，别人就会开始避开你。最后，你的处境会更惨。

成为一股不可忽视的力量，离不开人脉的积累，当你拥有足够的人脉关系，你会发现，他们能聚合出不可思议的力量，将你托举到耀眼的位置。

第7章

你以为这条路很好走吗？

当你的人生结束时，这世界只会问你一个问题：

“你该做的事都完成了吗？”

——吉沃卡夫斯基（Korezak Ziolkowski）

13.分心，探索“一件大事”的最大障碍

如果不知道自己的目标是什么，就很难坚持目标。

——洪恩（Sam Horn）

探索自己的“一件大事”，不一定会是一趟顺利的旅程。最重要的是，这个世界会有很多事来干扰你的心神，这是个容易让人分心的世界。

>> 这是一个容易让人分心的世界。

我想，如今在我们探索“一件大事”的路上，最大的障碍也许就是会让人分心的事。我相信，有许多人之所以失败，并不是因为他们没有才华、意志不够坚定或者不够热情——只不过是因为分心了。

就连每天在办公室与同事互动，都会限制我们完成大事的能

力。以我的经验来看，办公室里干扰是我们达不到工作目标的最主要因素之一。我一点都不支持“门户开放政策”。当然，我们是该跟员工和同事接触，但有时候就该把门关起来专心工作。下次被访客干扰时，记得记下你需要花多少时间才能重回之前的专心程度。你会惊讶地发现，一天当中有多少时间被偷走了。

把这些时间省下来，就能专心追求你的梦想。许多作家就是趁着每天早上电话开始响起或其他人开始来访前，提早起床，挤出几小时写作。有些人则是等家人都上床睡觉后才开始动笔。当然，如何选择时间是你的自由，但你必须要刻意制造出让自己独处的环境，在不被打扰的情况下完成工作。

>>　为自己的梦想安排时程。

有一点必须挑明的是，对于拨出时间来探寻“一件大事”，我们不应该再有罪恶感：我们太常把别人的需求摆在自己的“一件大事”之前。当然我们必须照顾小孩，尊重另一半。履行我们对家庭和工作的基本义务。但实现梦想的第一步同样也要负起责任。这表示我们该为梦想安排时间表，至于同事和朋友不太重要的需求，就不需要安排，因为我们的时间会被这些日常承诺一点一滴蚕食掉；没多久，我们的梦想就会迷失在这片混乱中。

>> 不要再做别人认为紧要的事，开始专心做对你来说重要的事。

人人都会分心——从码头卸货工到秘书，再到总裁。每一个人都会被各种不同的事情干扰，但每一个人也都要学习说不，不管那个“不”字是对谁说的：办公室派对的筹备委员，新的公司成长方案，或周五下班后外出交际应酬。只要不会严重影响你的职责，牵涉到未来在公司扮演的重要角色，或关系到个人生涯的重要事情，都可以考虑放下。

不过，在押后处理这些事情时，要善解人意、恭敬有礼地拒绝。而且，我不建议用这种说辞做开头：“我不能答应，因为我正在写一本畅销小说。”别引起他们的嫉妒，也不要惹恼他们。在90%的情况下，只要温和坚定地说不，告诉他们你有其他事要做，这样就可以了。

稍微练习一下，在拒绝干扰你的事情这方面就会更有信心。

14.勇敢，但别有勇无谋

> 你有敌人吗？很好。那表示你的人生在某些时候会有某些事情可以勇敢面对。
>
> ——丘吉尔

地点重要吗？

在好莱坞工作时，总是有年轻的电影系学生问我："我一定要住在洛杉矶才能成就电影事业吗？"我的答案是，以今天的科技来说，电影工作者可以在任何地方居住和工作。然而，如果你对自己的事业是认真的，就必须了解"好莱坞是下决定的地方"。

当然，电影是在世界各地拍摄制作的，例如从加拿大的温哥华到南非的约翰内斯堡。我也曾在这两个地方制作过节目，在其他四十多个国家拍过片。不过，除非你拥有一切所需的资金，否则最后有关剧本的开发、要拍什么电影、营销和发行策略等一切事务，通常要回到洛杉矶或纽约某处的某家制片厂或办公室下决定。假如你的事业成就辉煌，而且在蒙大拿州拥有一座庄园，大家会主动来找你。但是在时机艰难的电影业中，对刚踏入行的新人来说，待在下决定的地方才真正有意义，因为这样才更有实现梦想的可能。

就拿探索你的“一件大事”来说，对某些人而言，地点是重要的。不只是因为某些事要在某些神奇的地方才探索得到，也是因为地理位置不但会影响你的观点，也会界定需求。相较于纽约，肯亚的政治活跃人士所提出的议题一定大有不同。中国的作家所面临的挑战，也与身处巴黎的作家有所不同。

对于每一个使命或梦想来说，地理位置可能会构成影响因素，也可能不会。

>> 如果U2乐团是出生在加州橘县呢?

身兼作家和演说家的特纳（Steve Turner）写过一本出色的书《想象无限：基督徒艺术创作的异象》。就在几年前，我有机会在洛杉矶一场非营利活动中见到他。我们谈话时，他提出一个高明的论点：如果U2乐团出生在加州橘县，他们还会成为教会崇拜的乐团吗?

U2乐团的主唱波诺（Bono）是在都柏林以北的巴勒曼郊区出生，父亲是天主教徒，母亲是新教徒——这在当时教派极为分明的爱尔兰是非常独特的结合，就算在美国，这样的背景也不会被认为是传统惯例。波诺从不讳言自己的宗教信仰，他的歌词、对社会公义的热忱，以及面对来自全球的挑战时所表现出的乐观，都在说明他是一个认真对待自己信仰的人。

波诺在爱尔兰展开音乐生涯时，已经通过音乐表达出自己的信仰，但那里不像今天的美国，已发展出完善的基督教音乐产业。因此U2乐团没有什么选择，只能成为主流的摇滚乐团。看看他们变成了什么。特纳的评论并不是在藐视教会乐团，也没有明确否定基督教音乐，只是说明他们很容易受到所在地的影响而被边缘化，脱离社会主流。

基督教音乐在美国已变成意义深远的行业，也打造出自己的荣景，但是在其他地方不是这样。当然，这世上还是有其他地方能让虔诚的基督徒创作优秀的音乐，但我还是很高兴U2乐团是在爱尔兰长大的。

演员都喜欢纽约和洛杉矶。

政治迷较喜欢华盛顿。

科技企业家喜欢硅谷。

你或许会感到荒唐，但事实就是如此。任何一个看似细微的细节，都可能对你的“一件大事”产生影响。特纳的话曾经引起我长久的思考，并给我提供了众多启示。我想我们应该循着这个问题展开思考，并把它引申到自己的身上。比如，目前的居住地对你的人生使命有害或是有帮助？你是否曾因为缺乏资源、鼓励、人脉或机会而受阻？另一方面，你的居住地可能有一大堆选项，但其实并“不利于”你的探索之旅。也或许是有太多让你分心的事情，以致无法专心追求单一目标。这些都是你应当去思考的，为了你的“一件大事”不受干扰地完成。

学会放手

几年前，我到伦敦出差，看到《伦敦时报》正在报道皮尔逊——提倡英国脱离欧盟的英国独立党党魁——宣布要下台的消息。

在现代世界政治中，领导人要下台不是什么罕见的事。于是，我放下报纸，继续吃了一片吐司。不过，我注意到他的辞职理由却是罕见的:“我做得很糟，我要退出。”

我实在很佩服他的坦率直白，也希望有更多领导人能像皮尔逊一样了解自己。俗话说，半途而废的人永远不会赢，赢家永远不退缩。但我认为这话大错特错，因为有太多人终其一生都在追求错误的目标。

我爱书成痴，书房里有1000多本书。出远门时，包包里总是放着几本书；而我的书桌旁也总会放着一堆接下来要读的书，读了这么多书，我学到的是，当我开始看某本书，却发现内容不适合我，或者不如我预期，我会把它放下。不后悔，也不会有罪恶感。

也许我可以把这本书送给适合的朋友，或者在车库旧货拍卖时把它卖掉。总之，我不喜欢某本书的话，就会放弃，继续看其他书。我妻子就不一样了，一旦开始看某本书，不管有多痛苦，她都要看完。她就是有某种责任感，喜欢有始有终。

> 有些人认为，坚持不懈能让自己变得坚强；但有时就是该放手。
>
> ——赫赛（Hermann Hesse）

在职场上、政治圈、学术界与非营利领域中，有许多人做得很糟糕。他们不但因为自不量力而应付不了，而且还在绝望中迷失了方向。

问题就在于，他们害怕承认事实。

承认自己不会滑雪或潜水是一回事，承认自己做了十多年的工作却还是做不好又是另一回事。毕竟，你可能因此遭到嘲笑。

几年前，有个朋友和他妻子办理离婚，过程特别艰辛。他们在各自领域都是有才干的，事实上是在同一个领域。婚后过了一段时间，丈夫的事业开始走下坡。他的妻子确实非常出色，有所成就也是应该的。但这样却让丈夫因为跟不上脚步而感到丢脸。

丈夫的成长背景无法接受自己不如妻子，他不但不因为妻子的成就而感到与有荣焉，反而因此郁闷苦恼，最终尝到苦果。妻子的成就高于你是一回事，但——对某些男人来说——更糟糕的是，妻子和你从事的是同一种行业，而且比你还有成就。

不安、恐惧、能力不足，扼杀了这么多有才华有天赋者的潜在成就。但这种异常的不安和恐惧又让他们拒绝承认这一点，阻碍他们去寻找一个可以发现自己“一件大事”的地方。

皮尔逊不但遭到平面媒体严厉痛斥，在英国各地的晚间新闻中也遭到猛烈抨击，成了笑柄。但是，承认自己做得糟糕并且负起责任的行为，也为他赢得另一波支持。等到民众冷静下来思考，便会希望每一个表现糟糕的人也拥有相同的勇气承认自己无能。

我还想把这个可怜的家伙当做偶像来崇拜呢！

那句关于半途而废和赢家的俗语真是胡说八道，你要让外界的批评、障碍或烦闷阻挠自己又是另一回事，但我根本不相信这种说法。假如你已经力不从心，不知道自己在做什么，而且事情就是不会改变，那就别害怕退出，让更有资格的人来接手这份工作。了解自己的极限没有害处，事实上，这点反而令人尊敬。

我喜欢上面印有“我做得很糟，我退出”的T恤。

让我们展开一场群众运动吧！

>> 工作表现虽好，但就是觉得有未了的遗憾吗?

或许还有一种更难受的处境，就是正在读这本书的你，工作表现虽好——甚至有可能非常杰出——却发现自己走错了路。也许你一直有这方面的猜测，现在也终于认清了事实。

你在工作上的表现可能是一流的，大家都尊敬你，而且在公司或大学里也都是一路高升。墙壁上挂满了奖状，退休账户也一直有资金进账。在社区里人脉广布，也对自己所爱的人尽心尽力。

你有工作，有房贷，有家庭。

然而，就是有未了的遗憾。

你该怎么做？彻底改变一切，踏入未知的世界？或者，不理会你已认清的事实，一如往常继续走下去？

问题来了：为了成就梦想，你愿意牺牲哪些东西？

重点在于策略

在这世上，你是独一无二的。但这种独一无二不是什么优点，而是一种责任。

——贝特森

在你放弃现有的一切、冒险尝试任何事情之前，要先为正式转换跑道前的过渡时期规划策略。我的朋友普拉特，是来自南非的牧师和领导专家，他举了一个精彩的例子来说明策略：

你登记参加一场5000米的“公益长跑”，目标是为慈善机构募款。而且，为了支持公益，你还召集朋友和家人参加，并且为这次长跑锻炼身体。这天到来，你和其他跑者一起出现在起跑线，兴致勃勃地准备开跑。

结果，当发令员鸣枪下令开跑时，跑者全都看着发令员道：“路线在哪里？”

发令员大喊：“开始，跑啊！”但所有跑者都满脸困惑，不知道要往哪个方向跑。一旁观众在欢呼，赞助人在挥手，但就是没有人知道接下来要怎么做。

“公益长跑”这个想法很伟大，简单易懂，也很容易引起大家的兴致，但其中的细节却成了问题所在。

愿景，就是你想完成的事情；至于要怎么完成，则要看“策略”。

如今有太多公司拥有宏伟的愿景，但根本不知道要怎么完成，就像你努力寻找人生中的“一件大事”，然后呢？你根本未曾考虑过找到之后应该怎样做，那么一切都是空谈。

>> 就算有人已经找到了自己的“一件大事”，也会苦恼要怎么实现。

我要离开现在的工作吗？

我要回到学校吗？

我要兼差吗？

每个人的情况都不一样，人生阶段、才能和事业也各有不同。以下是你开始重新定位未来的“一件大事”时应该思考的几件事：

1.要勇敢，但是别有勇无谋。

从今天起，为你的目标做准备、订计划，然后开始探索，但是不要操之过急。不管你的目标有多崇高，只要目前的形势无法让你付诸行动，你的梦想就会受到阻碍。所以，先别离开现在的工作，直到你规划好过渡计划为止。我知道所有人都有宏伟的梦想，却完全没有实现梦想的可能性，只因为他们断了自己的生路——不是太早辞职、疏远家人，就是做了其他考虑欠周的决定。他们兴致勃勃地投入目标，却因为操之过急而付出安稳生活和金钱的代价，有时甚至因此失去梦想。

>> 就算带着热情用心实践梦想，有时也会变成自己最大的敌人。

在某些情况下，把梦想过渡到现实成为专职工作，需要花点时间。也许你可以从下班后写书开始，或是在周末累积自己的设计作品，在晚上进修或提升自己的专业能力。许多有成就的作家都是白天工作，晚上牺牲睡眠时间写作（或者以我自己为例，是在清晨提早起床写书）。不管你的“一件大事”是什么，至少你可以先一面维持目前的工作，一面着手开始。

重点在于把基础建立起来。扣扳机之前，还有一大堆准备工作要做。

2.注意力是你最棒的东西。

过去我们要担心的事，就是如何把工作做好，只要专心成为最棒的总裁、作家、销售员、制作人或银行家就好了。如今，除了专业仍至关重要，我们还需要某种东西来对抗最大的对手，也就是纷扰。

> 注意力是最宝贵的现代资源之一。如果把它浪费在毫无意义的交流上，那么，当我们真正需要它时，将会一点都不剩。
>
> ——弗里曼（John Freeman）

弗里曼在他的著作《电邮泛滥》（*The Tyranny of E-mail*）中指出：

- 北美有65%的人花在电脑上的时间比另一半相处还要多。
- 2009年，平均每个员工一天会花40%以上的时间收发约两百封电邮。

- 在人口约60亿的世界中平均每分钟就有约6亿封电邮寄出。
- 电邮正在改变我们的阅读和沟通方式。
- 77%的员工表示，若再工作时因为电脑死机而无法使用电邮，就会让他们倍感压力，其中10%的人会压力大到真的砸电脑。
- 收发电邮跟玩吃角子老虎一样，是会上瘾的。
- 有些心理学家正争取将网络成瘾归类为一种临床疾病。

你注意到了吗？当你跟同事一起吃午餐，你们做的第一件事，就是拿出手机放在桌上——以防万一。我的意思是，你不知道何时会收到重要到可能足以改变世界的信息，所以要随时准备查看手机，对吧？

关于这个问题，容我多说一句，21世纪最宝贵的东西，就是“专心一意”。想给你的“一件大事”一个美妙的礼物吗？把你的专心一意给它吧！在这个干扰有增无减、没完没了的世界中，你个人的注意力是最棒的礼物。

3.做好准备，展开冒险。

这世上没有万无一失的事，也没有公平的事。有史以来，事业就是个人怀抱梦想，甘冒所有风险，只为了发挥某个想法的影响力。梦想本来就不是“安稳的”。而且，假如你只想找个避风港和安稳的未来，“一件大事”可能就不是你想要的。政府不会提供保证让你实现梦想的方案，也没有任何一种保单能给你这种保障。当你跌落谷底时，也不会有防震垫在下面接住你。

探索“一件大事”，踏出实现梦想的步伐，将是你人生中最大的冒险。只有极少数人能勇于冒险、评估风险，从峭壁上一跃而下。不过，当这一切来临时，工作就有了热情，而你也将成为这一小群人当中的一分子。

尾声 你不是疯子

向那些疯狂的家伙致敬，他们特立独行、桀骜不驯、惹是生非、格格不入。他们用与众不同的眼光看待事物，不喜欢墨守成规，也不愿安于现状。你可以引用他们说的话质疑他们、颂扬他们或诋毁他们，唯独不能漠视他们。因为他们改变了世界，是他们推动了人类的发展。尽管在某些人眼中，他们是疯子；但是在我们眼中，他们是天才。只有那些疯狂到自认为能改变世界的人，才能真正改变世界。

——苹果电脑1997年广告“不同凡想”

我不得不提醒你做好准备，因为当你看完本书，开始准备追寻人生的“一件大事”时，你可能会迎来朋友和家人异样的眼光，以为你疯了。当然在我看来，这也没有什么不好。甚至从某种角度，你应该感到欣喜，因为你得到了和美国人的全民偶像埃隆·马斯克一样的评价。这或许就是你成就“一件大事”的开始。

“除非有人发明了一种可以重复使用的火箭，否则人类将永远局限在地球上。”这是马斯克的想法，也是他的“一件大事”，更是他即将实现的理想。是的，他是个疯子，因为他要在火星上种水果，要让人们去太空像打的去纽约一样方便。

2001年，马斯克策划了一个叫“火星绿洲”的项目，计划将这个小型实验温室降落在火星上，里面有在火星土壤里生长的农作物。不过当他发现发射成本比这个项目的研发和工程成本都高很多的时候，他暂缓了这个项目，决定先把自己变成火箭专家。（哦，顺便说一句，此前马斯克是个互联网专家，他对火箭的了解和我差不多，基本上是一无所知。）

当然我没有马斯克那么疯狂。至少我不会面对自己创立的公司Paypal就快上市时，在自己的手边摆着一本《火箭推进基本原理》。

后来的事情更加疯狂。一年之后马斯克成立了SpaceX，旨在研究如何降低火箭发射成本。并从卖掉Paypal的钱里拿出1亿美元投入SpaceX，雄心壮志地要将火箭发射费用降低到商业航天发射市场的1/10，并计划在未来研制世界最大的火箭用于星际移民。

事情当然不会如此顺利，否则我们只会以为他是个天才和幸运的家伙，不会觉得他是疯子了。2008年，是马斯克的最低谷。

他的火箭三次发射都失败了，数千万美元的投入化成爆炸后的大火球。金融危机爆发，没有人愿意把钱投给一个疯子，更没人愿意花2000万美元为自己预定一个太空旅行的位子。要么自己投钱进去，要么公司倒掉。于是他写下了300万美元的支票，他的最后300万美元。他还劝说其他投资人，包括亲兄弟将个人财富投入公司中去。接下来的每一天他都面临同样的问题：明天和谁借钱花？他所有的钱都得和朋友借，包括房租。

除了马斯克自己，没人相信他能成功。当所有人都是为马斯克放弃了自己原本已成规模的公司自寻死路而感到遗憾和惋惜时，马斯克依然在为SpaceX公司卖力地宣传。

“除非有人发明了一种可以重复使用的火箭，否则人类将永远局限在地球上。拥有一辆很便宜但是很稳定的汽车，同样，这个规则也适用于火箭。”马斯克的豪言，让他看起来的确像个疯子。

接下来的事情的确很不可思议，2010年12月8日，SpaceX的猎鹰9号火箭成功将“龙飞船”发射到地球轨道，这是全球有史以来首次由私人企业发射到太空，并能顺利折返的飞船。整个宇航界为之震动。根据NASA的计划，当美国所有航天飞机2011年退役以后，将依赖像SpaceX公司这样的私营公司将物资补给送入国际空间站。马斯克由此得到了超过30亿美金的合同。是的，这个疯子成功了。他在面对媒体采访时说的话让我印象深刻：

回头想想，将所有的未来赌在火箭和电动车上很冒险。但我不这么投入，才是最大的冒险，因为成功的希望为零。

我之所以要把马斯克的故事告诉你们，是因为我想在最后告诉你们一个道理：当你把全部热情用到“一件大事”上，在别人眼里很可能成为冒险家和疯子，但你自己明白，成功的希望就在某个时刻，你一辈子都在等那一刻！

创意是在被重担压得喘不过气时出现，这也就是为什么极少有人能实践创意，因为没有多少人能承受得了重担。

——麦克李奥

你一直在等待什么样的时刻？

追寻“一件大事”的人生并不好过，但可以为你解答关于“为何你会在这里、你生来的使命是什么”这类问题。海伦·凯勒曾说过：“人生若不是一场华丽的大冒险，就什么也不是。”

世上有无数人终其一生追求的事，到头来却什么都不是。但是，你可以选择展开一场华丽的大冒险。

去吧！带着你的一切去寻找“一件大事”，别回头。

《人体使用手册（套装版）》

亚洲第一健康书品牌，全球已发行6种语言版本

图书定价：108.00元（全三册）

出版日期：2014.05

《18场扭转世界历史的经典战役》

国内第一本仿真全景战场手绘图书

图书定价：68.00元

出版日期：2013.12

《一生：迈克·华莱士传》

采访之王迈克·华莱士首部完整传记

图书定价：39.00元

出版日期：2013.08